Sitzungsberichte
der Akademie der Wissenschaften
der DDR
Mathematik – Naturwissenschaften – Technik

1N

1977

Dieter Martin

Möglichkeiten und Grenzen der rechnergesteuerten Syntheseplanung

Hans-Joachim Bittrich

Probleme bei der physikalisch-chemischen Modellierung mehrparametriger Systeme

AKADEMIE-VERLAG · BERLIN

Sitzungsberichte
der Akademie der Wissenschaften
der DDR
Mathematik — Naturwissenschaften — Technik

Jahrgang 1977 — Nr. 1/N

Dieter Martin

Möglichkeiten und Grenzen der rechnergesteuerten Syntheseplanung

Hans-Joachim Bittrich

Probleme bei der physikalisch-chemischen Modellierung mehrparametriger Systeme

AKADEMIE-VERLAG · BERLIN
1977

Vorträge vor der Klasse Chemie
von Prof. Dr. rer. nat. habil. Dieter Martin,
Zentralinstitut für organische Chemie der Akademie der
Wissenschaften der DDR und von Prof. Dr. sc. nat. Dr. Wiss. e. h.
Hans-Joachim Bittrich, Technische Hochschule
„Carl Schorlemmer" Leuna-Merseburg, Sektion Chemie,
am 20. 11. 1975 und 10. 6. 1976

Herausgegeben im Auftrage
des Präsidenten der Akademie
der Wissenschaften der DDR
von Vizepräsident Prof. Dr. Heinrich Scheel

Erschienen im Akademie-Verlag, 108 Berlin, Leipziger Str. 3—4

Lizenznummer: 202 · 100/244/77
Gesamtherstellung: VEB Druckhaus Köthen
Bestellnummer: 7533138 (2010/77/1/N) · LSV 1235
Printed in GDR
DDR 6.— M

Dieter Martin

Möglichkeiten und Grenzen der rechnergesteuerten Syntheseplanung

Der Synthesechemiker hat die Aufgabe, neue chemische Verbindungen oder neue Synthesen für bekannte Verbindungen zu finden. Für Stoffe mit bestimmten Einsatzgebieten, wie z.B. Arzneimittel, Farbstoffe und Schädlingsbekämpfungsmittel werden die effektivsten Synthesewege gesucht.

Die Komplexizität dieses Arbeitsgebietes ergibt sich aus der großen Vielfalt der chemischen Strukturen, Synthesen und Reaktionsbedingungen.

Neue Stoffe und Synthesewege werden durch Experimente gefunden. Dabei läßt sich der Chemiker überwiegend von Analogieschlüssen, von seiner Erfahrung und allgemeinen empirischen Regeln leiten. Da die meisten einfachen Verbindungen und Synthesen weitgehend bekannt sind und die Menge der Informationen ständig zunimmt, wird ein großer Teil des Zeitfonds der Chemiker von der Informationsarbeit beansprucht, z.B. der Literatursichtung und den Variantendiskussionen vor dem Experiment.

Aber wie plant der Chemiker seine Synthesen? Es ist erstaunlich, daß dieser wichtige Teil des Forschungsprozesses bisher noch nicht in den einschlägigen Fachbüchern in systematischer Weise behandelt worden ist.

Der erste Versuch einer Klassifikation der Syntheseplanung stammt von Corey [1].

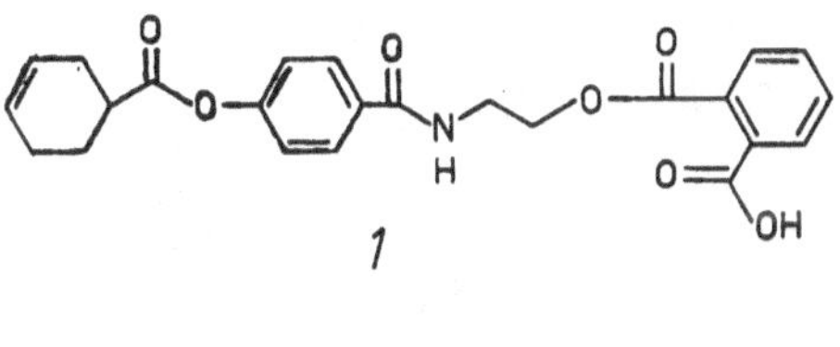

1

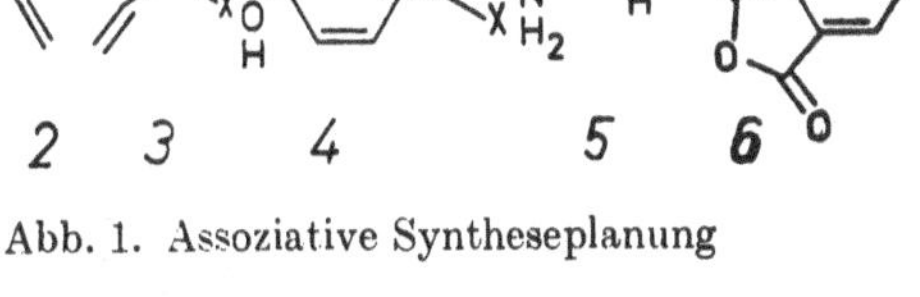

2 3 4 5 6

Abb. 1. Assoziative Syntheseplanung

In einfachen Fällen wird der „direkte assoziative Analogieschluß“ angewandt, wenn innerhalb einer Struktur eine Anzahl von ohne weiteres erkennbaren Untereinheiten steckt. So kann man beispielsweise das durch Formel 1 dargestellte Molekül aufbauen, in dem die Komponenten 2···6 in der angegebenen Reihenfolge verbunden werden. Die meisten Synthesechemiker würden mit einem Minimum an logischer Analyse auf diese Anordnung kommen, weil ihnen die Untereinheiten 2···6 und die Reaktionen zu ihrer Verknüpfung vertraut sind.

Die Anwendung des assoziativen Lösungsweges ist aber auf vergleichsweise einfache Syntheseprobleme beschränkt.

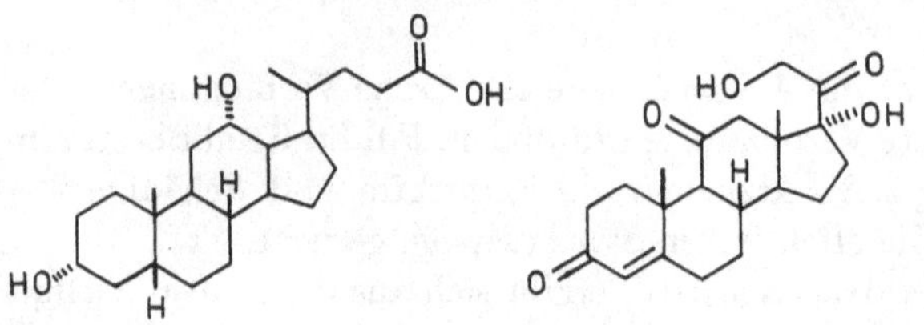

7 8

Abb. 2. Zwischenproduktensynthese

Bei der „Zwischenproduktensynthese“ sucht der Chemiker nach einer Schlüsselverbindung, die Beziehungen zur Zielstruktur hat und leicht in diese überführt werden kann.

Die erste Synthese von Cortison (8) war typisch für einen solchen Syntheseplan, der von dem leicht beschaffbaren Naturprodukt Desoxycholsäure (7) ausging, einer Verbindung, die in bezug auf die Grobstruktur und die Stereochemie das gleiche Kohlenstoffnetz hat. Diese Methode hat den Nachteil, daß durch die Festlegung einer bestimmten Startstruktur das Erkennen eines anderen, eventuell günstigeren Syntheseweges verhindert wird.

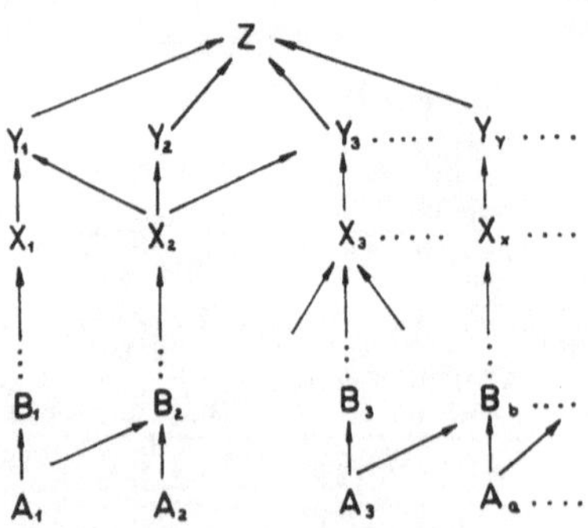

Abb. 3. Logische Analyse

Die allgemeinste Methode ist die vollständige, „logische Analyse". Dabei zäumt der Chemiker das Pferd am Schwanze auf.

Er beginnt beim Endprodukt der Synthese und untersucht Z auf Nahtstellen, um ein Sortiment Y von Vorstufen zu finden, welche durch einstufige Synthese in Z umwandelbar sind. Sodann interessiert er sich für einen Satz X von Verbindungen, die einstufig in eine der Vorstufen überführbar sind, usw., bis ein Sortiment A leicht zugänglicher Ausgangsstoffe erreicht ist.

Die Synthesewege $A_a \to B_b \cdots \to Z$ bilden einen Baum von Reaktionsfolgen. Beim Aufbau eines vollständigen Synthesebaumes einer komplizierten Verbindung ist eine ungeheure Vielzahl von Einzelschritten und damit von Regeln und Kriterien in Betracht zu ziehen, die der einzelne Chemiker kaum noch beherrscht, so daß oft selbst der Aufbau von Teilen eines solchen Synthesebaumes nicht mehr ohne weiteres möglich ist.

Nehmen wir an, ein Naturstoff von der Kompliziertheit eines Prostaglandins sei nach einem 20-stufigen Verfahren zu erhalten und für jede Zwischenstufe existieren 5 Synthesemöglichkeiten, dann bedeutet das, daß $5^{20} = 9{,}5 \cdot 10^{13}$ Wege zum Zielprodukt führen. Unter der Annahme, daß pro Tag 100 Synthesewege aufgeschrieben werden können, hätte die gesamte Menschheit immerhin etwa 300 Jahre an dem vollständigen Synthesebaum zu arbeiten. Nun gibt es aber inzwischen Prostaglandin-Synthesen, ohne daß sich die Menschheit an einer solchen Herkulesarbeit der Aufstellung eines vollständigen Synthesebaumes zermürbt hätte. Wir sehen darin, zu welchen Leistungen die Synthesechemie fähig ist, wenn das Ziel offensichtlich nicht über den Weg der Vollständigkeit, sondern unter Mitwirkung von Intuition, Kreativität und sicherlich auch Glück angesteuert wird. Aber wir sind nie sicher, ob es nicht auch bessere Wege gibt, auf denen wir das Ziel schneller und besser erreicht hätten.

Einem „ausgewogenen" Syntheseplan, der aus der ungeheuren Vielfalt der denkbaren Wege die besten liefert, kommt daher eine große Bedeutung zu. Diese Arbeit, wo es auf Kombinatorik Schnelligkeit und Zuverlässigkeit ankommt, sollte am besten einem Computer übertragen werden.

Aus diesem Grunde wird der Einsatz des Digitalrechners für die Rationalisierung der Syntheseplanung seit Anfang der 60er Jahre diskutiert und seit 1967 anhand experimenteller Computerprogramme praktisch bearbeitet.

Von großer Bedeutung ist hierbei die Eignung der Strukturformeln für die rechentechnische Verarbeitung. Sie werden als Graphen aufgefaßt und als topologische Matrizen im Rechner gespeichert. Durch die Anwendung einer geeigneten Transformationsvorschrift wird ein Syntheseschritt simuliert. Die sukzessive Anwendung von Transformationen führt zur Simulation eines Syntheseweges. Durch Verzweigungen in Synthesewegen entstehen sog. Synthesebäume. Diese Synthesebäume bilden den Suchraum des Chemikers, aus denen er Folgerungen für die Gestaltung der Experimente ableitet.

Nach dem allgemeinen, zuerst von Corey formulierten Konzept umfaßt ein Programm für die automatische Erzeugung von Synthesebäumen auf der

Basis der „logischen Analyse“ in erster Linie Prozeduren zur Eingabe, Speicherung und Ausgabe der Strukturformeln, zur Ausführung von Transformationen und zur Erkennung funktioneller Gruppen, auf welche die im Rahmen des Systems definierten Transformationen anwendbar sind. Auf Einzelheiten der Computerprogramme möchte ich hier nicht näher eingehen, da dieser formale und genau definierbare Anteil der Synthesesimulation die Möglichkeiten und Grenzen der Methode nicht bestimmt. Immerhin ist z. B. die Aufstellung und Programmierung eines Ringerkennungsalgorithmus, der für alle möglichen verflochtenen Ringsysteme gelten muß, ein sehr kompliziertes Problem (Abb. 4). So muß das Programm z. B. die 4 chemisch relevanten Ringe in dem Tetracyclus erkennen, in dem formal 12 Ringe stecken. Diese „tatsächlichen“ Ringe nimmt der Chemiker auf Grund seiner Intuition normalerweise sofort wahr, im Gegensatz zu den schwer erkennbaren Pseudoringen. Für den Computer ist für diese an sich einfache Aufgabe ein kompliziertes Programm erforderlich [2].

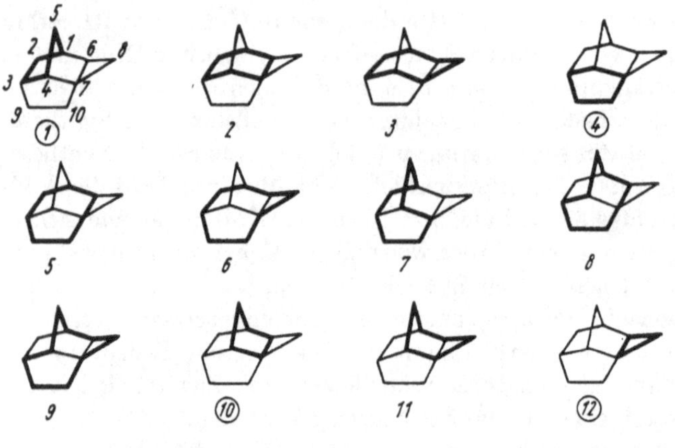

Abb. 4. Ringerkennung

Die Gesamtheit der genannten Prozeduren bildet ein formales Modell zur Ableitung aller prinzipiell möglichen Synthesewege. Die Anwendung des Modells führt aber zu Synthesebäumen, die durch eine große Redundanz gekennzeichnet sind und die selbst den leistungsfähigsten Rechner überfordern würden. Das eigentliche Ergebnis würde auf Kosten einer großen Weitschweifigkeit erkauft, die sich aus ökonomischen Gründen verbietet.

Der wichtigste Bestandteil des Computerprogramms ist deshalb ein Bewertungssystem, das die Synthesebäume sinnvoll eingrenzt. Da dies der kritische Punkt jeder Synthesesimulation ist, werden wir noch im einzelnen darauf eingehen müssen.

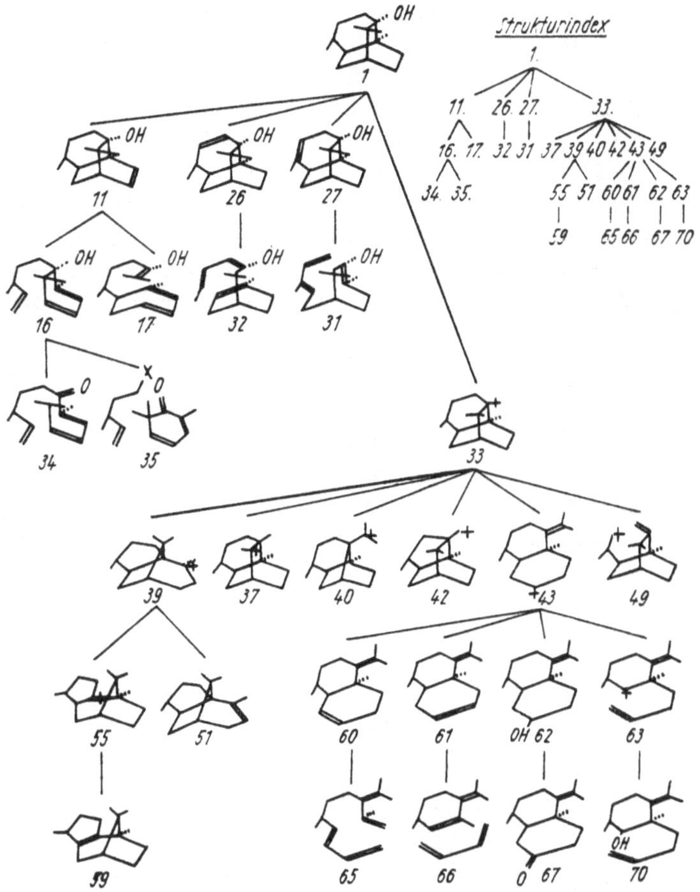

Abb. 5. Synthesebaum

Zunächst aber sehen wir uns einen Synthesebaum an, der mit Hilfe des Havard-Programms OCSS* von Corey abgeleitet wurde [3].

Ohne auf Einzelheiten einzugehen, kann man folgendes erkennen:

1. Der Aufbau eines solchen Synthesebaumes ist keine triviale Aufgabe, und die gelieferten Synthesevorschläge sind offensichtlich nicht unvernünftig.
2. Alle Vorstufen sind Teilstrukturen des Zielmoleküls.
3. Die Entwicklung des Synthesebaumes vom Zielmolekül aus rückwärts endet, wenn die Vorstufen genügend einfach sind oder wenn der Chemiker, der die Arbeit des Programmes über den Bildschrim verfolgen und steuern kann, den Abbruch herbeiführt.

---

*) *O*rganic *C*hemical *S*imulation of *S*ynthesis

Was wir nicht erkennen können, ist, ob nicht noch bessere Synthesemöglichkeiten existieren, die das Programm auf Grund eines falschen Details im Bewertungssystem nicht weiterverfolgt hat.

Bezüglich der Strukturtransformationen denkt der Chemiker „synthetisch", d.h. aufbauend vom kleineren zum größeren Molekül. Das Programm Coreys arbeitet aber antithetisch, und die Vorschriften für die Strukturtransformationen müssen entgegen der normalen Denkweise formuliert und programmiert werden. Die Programmierung und Bewertung der Diels-Alder-Reaktion hat z.B. 6 Monate in Anspruch genommen. Das OCSS-Programm enthält etwa 300 solcher antithetischen Reaktionen, von denen wir einen Ausschnitt in Abb. 6 sehen.

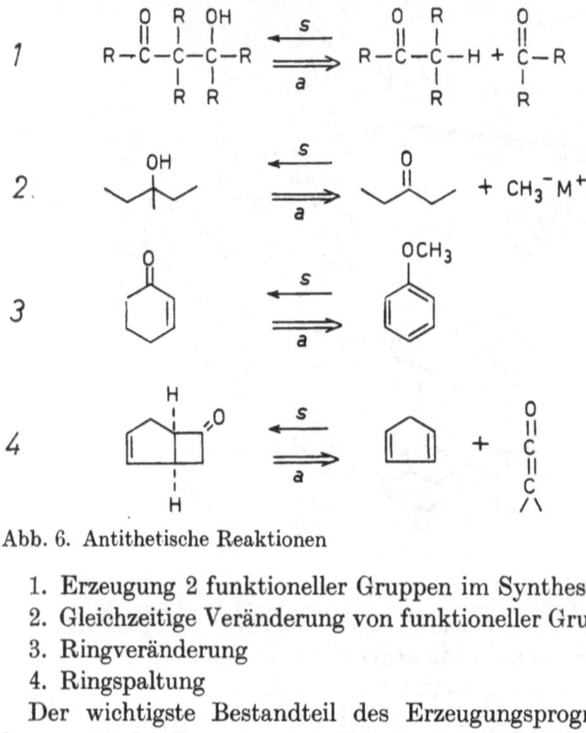

Abb. 6. Antithetische Reaktionen

1. Erzeugung 2 funktioneller Gruppen im Syntheseprodukt (Aldolreaktion)
2. Gleichzeitige Veränderung von funktioneller Gruppe und Strukturskelett.
3. Ringveränderung
4. Ringspaltung

Der wichtigste Bestandteil des Erzeugungsprogrammes eines Synthesebaumes ist das Bewertungssystem, das darüber entscheidet, ob ein Reaktionsschritt ausgeführt oder unterdrückt wird.

Wegen der Größe des Problemraumes und der Strukturbezogenheit der Zusatzinformationen scheiden exakte mathematische Bewertungsverfahren aus. Das Bewertungsverfahren muß sich von der Logik des Chemikers ableiten, der in der Planungsphase die Strukturbilder der bearbeitenden Stoffe betrachtet und dabei anhand seiner Kenntnisse die Reaktionsmöglichkeiten einschätzt. Zu diesem Zweck müssen die entsprechenden Erfahrungsregeln und Strategien erfaßt und zu einem programmierbaren Entscheidungsmodell verallgemeinert werden.

1. 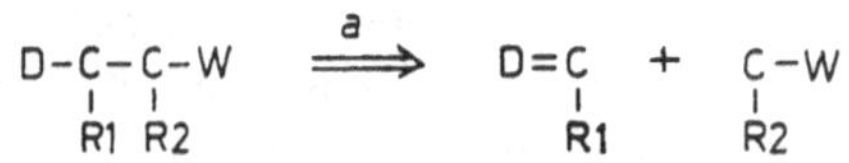

```
2.  Aldol
.
.
4.  DEC 70
:
12. ADD DEC 30 IF R2 IS NITRO
:
56  SUB DEC 30 IF R1 IS CARBON
```

Abb. 7. COREY-Bewertung
Bewertungstabelle für die Aldol-Transformation

So wird z.B. die Wahrscheinlichkeit der Ausführbarkeit für jede antithetische Reaktion durch einen numerischen Schätzwert ausgedrückt. COREYS Skala variiert von ungefähr −50 bis +150. „70“ ist z.B. das Standardreaktivitätsmaß dafür, daß man das Aldolprodukt aus den Vorprodukten erhalten kann. Bekanntlich wird aber die Reaktivität sehr wesentlich von den Umgebungsstrukturen beeinflußt. COREY berücksichtigt die intramolekulare Wechselwirkung mit Hilfe spezieller Größen, die in Bewertungstabellen stehen und den antithetischen Reaktionen zugeordnet sind.

Die letzten Veröffentlichungen zum LHASA-Programm* von COREY sind 1976 erschienen [3a]. Nach den gleichen strategischen Prinzipien, Synthesebaumkonstruktionen vom Ziel aus rückwärts und Begrenzung des Baumes durch ein Bewertungssystem, arbeiten auch die 1972 und 1973 erschienenen Programme des Canadiers BERSOHN [4], des Franzosen J. METZGER [5], das Stony Brook Programm von GELERNTER [6] und ein Programm zur Stereochemie von T. WIPKE [7]. Unterscheidungen gibt es nur im Detail; so verwendet z. B. BERSOHN zur Bewertung für die Weiterverfolgung eines Syntheseschrittes einen Ausbeutegrenzwert (cut off overall yield), der aus Durchschnittsausbeutewerten der Literatur berechnet worden ist.

Ein theoretisches Konzept zum Aufbau eines Syntheseplanungsmodells, das nur von wenigen chemischen Grundprinzipien ausgeht, wurde von I. UGI 1971 vorgeschlagen [8]. Es beginnt ebenfalls beim Syntheseziel und ist auf die Stoffbilanzerhaltung orientiert. Die Synthesewege, auf die sich ein solches Programm bezieht, enthalten daher zu jedem Zeitpunkt nicht nur die charakteristischen Zwischenprodukte, sondern auch alle noch nicht verbrauchten Ausgangsstoffe sowie alle bereits entstandenen Nebenprodukte. Ein Vorteil dieses Modells besteht darin, daß es nicht nur auf der Basis von Analogieschlüssen arbeitet,

---

*) *L*ogic an *H*euristic *A*pplied to *S*ynthetic *A*nalysis

sondern daß neben den empirischen Auswahlregeln auch zusätzliche Informationen wie Bindungsenthalpien, Maße für die Reaktionsbereitschaft usw. sowie die Strukturen von gewünschten Ausgangsstoffen eingegeben werden können.

In allen Fällen ist ein praktischer Einsatz der Computerprogramme zur Syntheseplanung noch nicht bekannt geworden. Er ist auch nur bei vielstufigen Synthesen komplizierter Moleküle zu erwarten und nicht bei der Planung von Synthesewegen, die die Kenntnis der Literatur und die Erfahrung dem Chemiker ohnehin nahelegen.

Der scheinbare Vorteil der analogiebezogenen, empirischen Syntheseplanungsmodelle hat das handicap, daß sie den ungeheuren Problemraum der organischen Synthese umspannen müssen.

Einen brauchbaren Einsatz könnte man sich vorstellen in einem endlichen und definierten Bereich der Synthesechemie, beispielsweise der Peptidchemie. Selbst hier gibt es mit den konventionellen Methoden der Peptidsynthese immerhin noch 139000000 Möglichkeiten die A-Kette des Insulins aufzubauen [9]. Aber die Zahl der verwendeten Strukturen ist auf etwa 20 Aminosäuren, etwa 100 Schutzgruppen, einige Carboxylaktivierungen und einige definierte Syntheseschritte begrenzt.

Eine vergleichbare Situation ist bei der Synthese von Desoxyribonucleinsäuren gegeben. Gesucht wird hier der optimale Syntheseweg für die Kombination von Adenin (A), Cytosin (C), Guanin (G) und Thymin (T) zu einer DNA beliebiger Sequenz. Unter Berücksichtigung von Ausgangsmaterialkosten, Reaktionszeit, Produktausbeute, Trennungszeit und Ausbeute nach der Trennung haben Powers und Jones [10] ein Syntheseprogramm entwickelt. Es liefert nach dem Optimierungskriterium „Synthesezeit“ z.B. für die TCAGCA-Sequenz von den 210 möglichen Synthesewegen sofort die 34 optimalen. Es wird geschätzt, daß die Synthesezeit dadurch um 20—50% reduziert werden kann.

Die Frage nach dem Syntheseziel ist aber nun nicht das einzige Problem des Synthesechemikers. Er interessiert sich auch in vielen Fällen für die zu erwartenden Produkte bei einer bestimmten Reaktion. Hier ist also eine Ausgangssituation gegeben und eine oder mehrere unbekannte Zielstrukturen sind zu suchen. Ein solches Simulationsprogramm, das Reaktionen — als Alternative zu Coreys Strategie — in der direkten, synthetischen Richtung nachbildet, wird von A. Weise bearbeitet [11, 12].

Auf die programmtechnischen Einzelheiten der Strukturformeleingabe, -umwandlung und -ausgabe möchte ich hier nicht eingehen. Sie spielen nicht die entscheidende Rolle. Der kritische Punkt ist auch hier wie bei den anderen Erzeugungsprogrammen das Bewertungssystem, dessen Güte die Leistungsfähigkeit des Programms bestimmt.

Bei der „Vorwärts“-Stimulationstechnik wird man mit einer viel komplizierteren Situation konfrontiert. Hier muß die tatsächlich ablaufende chemische Reaktion nachgebildet werden, wobei das zu erreichende Ziel gar nicht bekannt ist und es in strengem Sinne keinen anderen Abbruch gibt, als den „Eingriff von außen" oder „keine Reaktion gefunden".

Das Programmsystem wurde auf heterolytische, polare Einzentrenreaktionen mit Verbindungen aus Atomen der 1. und 2. Achterperiode des PSE festgelegt. Die Reaktionen werden nach dem Elementarschrittprinzip simuliert, das ein weitestgehend getreues Abbild unserer derzeitigen Kenntnis der Reaktionsabläufe darstellt.

Ein Beispiel ist in Abb. 8 anhand der Azomethin-Bildung aus p-Methoxybenzaldehyd und p-Chloranilin dargestellt. Diese Reaktion zu formulieren, wäre für jeden Chemiker absolut unproblematisch, aber das Programm, das im Prinzip jedes elektrophile (a, b ...) mit jedem nucleophilen Atom (1, 2 ...) kombiniert, muß die realen von den im speziellen Fall unrealen Möglichkeiten trennen können. So ist z.B. im vorliegenden Fall die Reaktion 1b nicht möglich, obwohl es natürlich Beispiele für Aminolysen von chlorsubstituierten Aromaten gibt. Die gleichen Entscheidungen müssen auf jeder Ebene des Baumes getroffen werden. Den Abbruch der Simulation muß der Chemiker „von außen" herbeiführen oder er erfolgt nach Durchlauf von 10 Ebenen automatisch.

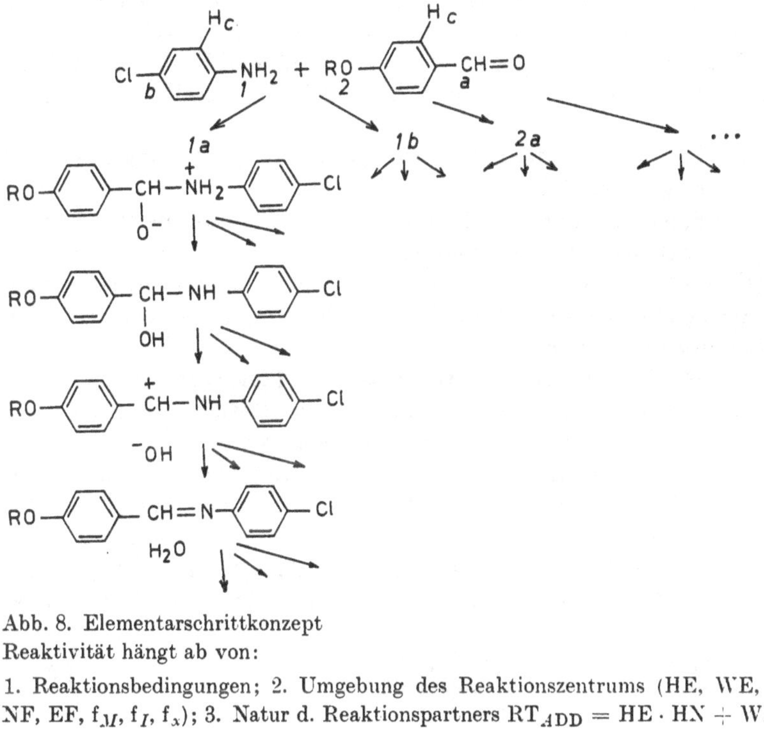

Abb. 8. Elementarschrittkonzept
Reaktivität hängt ab von:

1. Reaktionsbedingungen; 2. Umgebung des Reaktionszentrums (HE, WE, HN, WN, NF, EF, f_M, f_I, f_x); 3. Natur d. Reaktionspartners $RT_{ADD} = HE \cdot HN + WE \cdot WN$

Wir sehen aus diesem Beispiel, daß das Bewertungssystem die prinzipiellen Eigenschaften der chemischen Reaktivität berücksichtigen muß.

Die chemische Reaktivität einer funktionellen, d.h. der reagierenden Gruppe ist keine feststehende Größe, sondern hängt ab

1. von den Reaktionsbedingungen,
2. von der molekularen Umgebung der Gruppe, d.h. von elektronischen und sterischen Einflüssen,
3. von der Natur des Reaktionspartners.

Die Reaktionsbedingungen, wie Einflüsse von Lösungsmitteln, Temperatur, Anregungen, Katalysatoren usw., bleiben unberücksichtigt. Sie sind auch bei den Variantendiskussionen des Chemikers ein sekundäres Problem. Die Reaktionsmechanismen werden durch verallgemeinerte formale Transformationsvorschriften für Addition, Substitution, Dissoziation, Protonierung, Umlagerung und Eliminierung berücksichtigt.

Komplizierter und schwieriger ist die Reaktivitätsbewertung. Die exakte Berechnung der chemischen Reaktivität ist für praktische Belange in einem großen Variationsbereich nicht möglich. Aus dem Grunde werden für die 175 zugelassenen funktionellen Gruppen (wie z.B. $-NH_2$, $>C=O$) Schätzwertskalen für 6 Eigenschaften verwendet (HE, WE, HN, WN, NF, EF)*, die sich auf die jeweils H-substituierten Gruppen beziehen. Danach werden die Kennwerte entsprechend der molekularen Umgebung der Gruppen schrittweise bis zum Reaktionszentrum durch geschätzte Faktoren für die M-, I- und α-Effekte korrigiert. Korrekturen für die sterische Reaktivitätsbeeinflussung werden nicht vorgenommen.

Die Abhängigkeit der Reaktivität von der Natur des Reaktionspartners wird folgendermaßen berücksichtigt:

Aus den korrigierten 6 Eigenschaftswerten beider Reaktionspartner werden je nach Reaktionstyp durch bestimmte multiplikative und additive Verknüpfungen Reaktionstendenzen (RT, siehe Abb. 7) berechnet, deren Überschreitung über einen geschätzten Grenzwert ein Signal für den Rechner ist, den jeweiligen Elementarschritt auszuführen.

Die Arbeit des Programms kann von außen im Dialogverkehr überwacht und gesteuert werden, d.h. die Entscheidung, welcher Reaktionsschritt weiterverfolgt oder abgebrochen wird, kann der Chemiker treffen.

Mit diesem Algorithmus konnten etwa 30 bekannte Reaktionen der organischen Chemie, z.B. Gattermann-Koch-Synthese, Curtius-Umlagerung u.ä. nachvollzogen werden.

Die Problematik des Verfahrens besteht darin, daß ein großer Aussagebereich mit einer kleinen Zahl geschätzter und daher nicht gesicherter Eingangspara-

---

* HE = „elektrophil-hart", WE = „elektrophil-weich",
HN = „nucleophil-hart", WN = nucleophil-weich" [13],
NF = „nucleofug", EF = „elektrofug" [14]

meter und Modelle beschrieben werden muß. Der definierte Aussagebereich des Programms umfaßt etwa 10^{12} Reaktionen. Bei einer geschickten Auswahl, die allerdings sehr problematisch ist, könnten dafür vielleicht 10^4 Reaktionen repräsentativ sein. Stellt man nun bei einer zunächst kleinen Anzahl von Reaktionen fest, daß das Programm unbefriedigende Strukturvorschläge für die Reaktionsprodukte liefert, müssen die Kennwerte und/oder die Korrekturfaktoren und/oder die Bewertungsfunktionen und/oder die Schwellenwerte geändert werden, wobei zunächst unentscheidbar bleibt, welche der vielen Möglichkeiten die richtige ist. Es ist also notwendig, den eingeschlagenen Weg an einem zweiten vergrößerten Satz von Reaktionen zu testen und die Parameter zu korrigieren. Mit den geänderten Eingangsgrößen muß aber nun auch noch der erste Satz von Reaktionen richtig beschrieben werden usw.

Eine endgültige Feststellung über die Aussagekraft des Programms kann erst getroffen werden, wenn dieses iterative Verfahren auf die 10^4 repräsentativen Reaktionen ausgedehnt ist. Dabei ist von vornherein nicht auszuschließen, daß sich ein einmal eingeschlagener Weg erst verhältnismäßig spät als Sackgasse erweist, so daß nicht abzuschätzen ist, nach wie vielen Iterationsläufen ein fertiges System von Parametern und Modellen erstellt werden kann.

Eine dritte Fragestellung des Synthesechemikers ist die nach den optimalen Reaktionsbedingungen oder mit Einschränkungen: welche Eigenschaften beeinflussen eine Reaktion und in welchem Maße?

Hier geht es also um die Suche nach geeigneten, möglichst leicht zugänglichen Molekülparametern und ihren Einfluß auf die chemische Reaktivität. Dieses Problem wird seit INGOLDS Klassifizierung der mesomeren, induktiven und sterischen Effekte und der genialen Entdeckung der LFEB durch HAMMETT intensiv bearbeitet und hat entscheidend unsere heutigen Kenntnisse über die chemische Reaktivität mitbestimmt.

LFEB

HAMMETT 1935	$\lg k = \rho \cdot \sigma + \lg k_0$
EDWARDS 1945	$\lg k = \alpha \cdot E_n + \beta \cdot H + \lg k_0$
GRUNWALD-WINSTEIN 1949	$\lg k = m \cdot Y + \lg k_0$

Abb. 9. LFEB

Die bisherigen LFEB umfassen aber immer nur kleine Reaktionsserien, in denen nichts weiter variiert wird als der Substituent, der Reaktionspartner oder das Lösungsmittel. So beschreibt die HAMMETT-Gleichung den elektronischen Substituenteneinfluß auf die Reaktionsgeschwindigkeit durch den Substituentenparameter σ, die EDWARDS-Gleichung über die Proportionalitätskonstanten α und β den Einfluß der Acidität und Polarisierbarkeit des Nucleophils auf die Reaktivität, und in der GRUNWALD-WINSTEIN-Gleichung wird nur das Lösungsmittel variiert und durch den empirischen Parameter Y beschrieben.

Seit Ende der fünfziger Jahre ist Stagnation auf diesem Gebiet zu beobachten. Offensichtlich scheitert die Ausweitung der Struktur-Reaktivitätsgleichungen auf einen größeren Aussagebereich an dem Vielparameterproblem der chemischen Reaktivität.

Wir konnten nun zeigen, daß eine sorgfältige statistische Analyse einer großen Zahl vergleichbarer Geschwindigkeitskonstanten und Einflußgrößen doch einen Schritt weiterführt. Am Beispiel der gut untersuchten B_{Ac_2}-Acylierungsreaktionen haben wir etwa 1800 k-Werte aus der Literatur in die Untersuchung einbezogen.

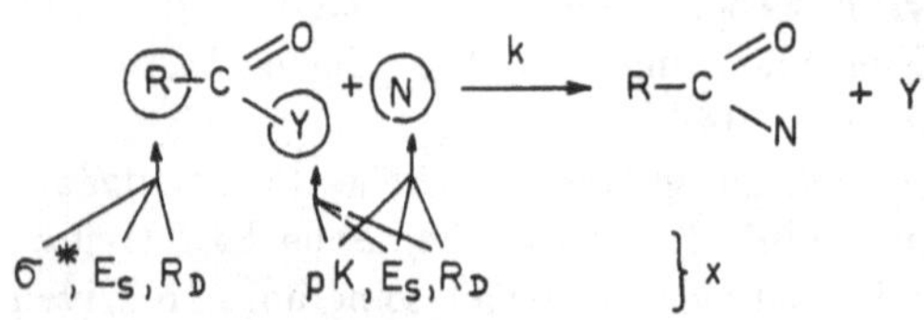

$$\lg k = a_0 + \sum a_i \cdot x_i^R + \sum a_j \cdot x_j^Y + \sum a_k \cdot x_k^N$$

n = 159. BM = 95 %

Abb. 10. Acylierungsmodell

Wir fanden, daß bei allen theoretisch denkbaren 7 Variationsmöglichkeiten der Rest *R*, die Abgangsgruppe Y und das angreifende Nucleophil N durch 3 Typen von Einflußgrößen beschrieben werden können: die Acidität (bzw. σ), einen Stereoparameter E_S und die Polarisierbarkeit R_D, die sämtlich leicht zugänglich sind. Der Rechner liefert uns die unbekannten Regressionskoeffizienten a zu den jeweiligen Einflußgrößen und damit das statistisch gesicherte Modell der betrachteten Reaktion [15].

Diesem Modell liegen, wenn alle Strukturen variabel sein sollen, 159 Datenpaare zugrunde. Das Bestimmtheitsmaß ist 95%, d.h. 95% der Eigenschaften der lgk-Werte werden durch die verwendeten Einflußgrößen erfaßt.

Auf Einzelheiten wollen wir auch hier verzichten und wiederum versuchen, die Möglichkeiten und die Grenzen auszuloten.

1. Es gibt bisher keine Struktur-Reaktivitätsmodelle mit einem so großen Stichprobenumfang und so großer Aussageschärfe für die Berechnung von Geschwindigkeitskonstanten.

2. Die Modelle liefern Kenntnisse über die reaktivitätsbeeinflussenden Faktoren, und aus Betrag und Vorzeichen der Regressionskoeffizienten erhält man wertvolle Hinweise auf den Mechanismus.

3. Aussagen sind nur für den Modellierungsbereich zulässig; nicht zulässig ist eine Extrapolation auf andere Reaktionen.

4. Je größer der Aussagebereich ist, um so weniger sicher ist die Interpretation der Regressionskoeffizienten.

5. Das Vorhandensein einer ausreichenden Anzahl vergleichbarer Geschwindigkeitskonstanten ist das Nadelöhr der Methode.

Wie wir gesehen haben, sind alle Planungsmodelle durch mehr oder weniger genau definierte Grenzen beschrieben, die nicht „ungestraft" überschritten werden können.

Nun eine letzte Bemerkung. Der Vorstoß zu neuen Qualitäten oder die Gefahr einer Wiederentdeckung hängen in entscheidendem Maße von der Informiertheit des Chemikers ab. Man schätzt, daß die etwa 700000 Chemiker pro Jahr 350000 Zeitschriftenartikel und Patente publizieren, das sind 40 Veröffentlichungen pro Stunde. An eine vollständige Information ist daher mit konventionellen Methoden auch nicht annähernd zu denken.

Man hat deshalb, dem Stand der Technik entsprechend, schon frühzeitig elektronische Datenverarbeitungsanlagen für die Dokumentation/Information eingesetzt, weil sie in dieser Beziehung bezüglich Speicherkapazität, Tempo und Zuverlässigkeit dem Menschen überlegen sind. Außerdem bieten sie die Möglichkeit zu mehrdimensionalen gezielten Recherchen. Ich glaube, hier werden wir auf lange Sicht den optimalen Einsatz des Rechners erwarten können, denn der Chemiker befindet sich fortwährend auf der Suche nach Publikationen, die ihm für seine Arbeit nützlich sein können.

Aber auch die delegierte maschinelle Literaturrecherche hat ihre Grenzen, denn diejenigen Informationen, deren Relevanz der Chemiker für seine Arbeit nur selbst subjektiv beurteilen kann und die für ihn oft wertvolle Anregungen zu schöpferischem Denken sind, wird er immer nur durch eigene Literaturstudien oder durch persönliche Kontakte erhalten können.

Literatur

[1] Corey, E. J.: Pure Appl. Chem. **14**, 19 (1967).

[2] Corey, E. J., und G. A. Petersson: J. Amer. chem. Soc. **94**, 460 (1972) und dort zit. Lit.

[3] Corey, E. J., und W. T. Wipke: Science [Washington] **166**, 178 (1969).
[3a] Corey, E. J., H. W. Orf und D. A. Pensak: J. Amer. chem. Soc. **98**, 210 (1976).
[4] Bersohn, M.: Bull. Chem. Soc. Japan **45**, 1897 (1972).
[5] Barone, R., M. Chanon und J. Metzger: Revue de l'Institut Français du Pètrole **28**, 771 (1973).
[6] Gelernter, H., N. S. Sridharan, A. J. Hart, und S.-C. Yen: Fortschr. chem. Forsch. **41**, 113 (1973).
[7] Wipke, W. T., P. Grund, J. G. Verbalis und T. M. Dyott: 162. ACS-Meeting, Abstracts of Papers, ORGN 017, 1971.
[8] Ugi, I., und P. Gillespie: Angew. Chem. **83**, 982 (1971).
[9] Dugundji, J., und I. Ugi: Fortschr. chem. Forsch. **39**, 19 (1973).
[10] Powers, G. J., und R. L. Jones: Amer. Inst. Chem. Eng. J. **19**, 1204 (1973).
[11] Weise, A., W. Schäfer, R. Walther und D. Martin: Z. Chem. **12**, 81 (1972).
[12] Weise, A.: Z. Chem. **15**, 333 (1975).
[13] Mathieu, J., A. Allais und J. Valls: Angew. Chem. **72**, 71 (1960).
[14] Pearson, R. G.: J. Amer. chem. Soc. **85**, 3533 (1963).
[15] Niclas, H.-J., und G. Meissner: Z. Chem. **16**, 290 (1976).

Hans Joachim Bittrich

Probleme bei der physikalisch-chemischen Modellierung mehrparametriger Systeme

1. Modellierung — eine Form der Mathematisierung

Die Entwicklung der elektronischen Rechentechnik und der damit verbundenen theoretischen, logischen und operationalen Möglichkeiten zur quantitativen Behandlung der vielfältigsten Fragestellungen hat in den letzten ein bis zwei Jahrzehnten zu neuen Formen der Nutzung der Mathematik in Naturwissenschaft und Technik geführt. Das wirkt sich auf viele gesellschaftlich aktuelle Aufgaben wie Steuerung und Automatisierung von Produktionsprozessen, ingenieur-technisch präzisierte Berechnung und Projektierung von Anlagen und Verfahren, Optimierung technologischer Prozesse und Rationalisierung geistiger Prozesse aus. Als eine der Etappen der Mathematisierung wird die mathematische Modellierung von Untersuchungsobjekten angesehen, als eine weitere der Aufbau einer mathematischen Theorie einer Klasse von Erscheinungen [16].

In der Chemie und in der chemischen Technologie sind die verschiedensten Methoden der Mathematik einschließlich numerischer, statistischer und stochastischer Methoden unter verschiedenen Aspekten anzuwenden:

1.1. Zur numerischen Lösung rechnerisch aufwendiger, bzw. durch geschlossene Behandlung nicht zu bewältigender theoretischer Probleme aus Gebieten wie Quantenchemie, statistische Mechanik, theoretische Reaktionskinetik u.a.

1.2. Zur Vorausberechnung oder Vorausabschätzung von Eigenschaften, Zuständen oder Prozessen mit Hilfe von Modellen, die das reale Verhalten mehr oder weniger gut widerspiegeln.

1.3. Zur Auswertung von Experimenten einschließlich solcher im kleintechnischen Maßstab, bei denen eine große Zahl variabler Parameter oder Einflußgrößen eine Rolle spielt.

1.4. Zur Versuchsplanung, die eine Rationalisierung experimentellen Arbeitens generell und im besonderen sinnvolle Zugänge zur Untersuchung sehr komplexer Systeme oder Prozesse erschließen soll.

1.5. Für technologische oder verfahrenstechnische Berechnungen.

1.6. Zum Aufbau eines rationellen wissenschaftlichen Informationssystems.

1.7. Zur Schaffung von Algorithmen chemischer Strukturen.

Die meisten dieser Punkte betreffen theoretische Grundlagen der chemischen Technologie. Vom Grad ihrer Beherrschung hängt es ab, wie sich das Verhältnis Theorie zu Experiment in der Zukunft entwickeln kann. Zugleich taucht aber die Frage auf, ob Mathematisierung, mathematische Funktionen und Zusammenhänge, rein stochastische Methoden bei der Behandlung konkreter Stoffe oder Stoffsysteme überhaupt einen entscheidenden Fortschritt bringen können, oder ob nicht in der Integration von Mathematik, Physik und Chemie mit technischen Denkformen und -methoden erst die Behandlung von Systemen mit vielen Einflußparametern möglich wird.

In diesem Sinn sollen Möglichkeiten und Grenzen der Modellierung als einer Etappe der Mathematisierung, aber auch als eines konkreten Verfahrens der Mathematisierung untersucht werden. Als Beispiel dienen Probleme der Berechnung von polynären (d.h. mehrkomponentigen) Phasengleichgewichten.

2. *Definition der physikalisch-chemischen Modellierung*

Rolle, Bedeutung und Verwendung von Modellen, ihre Stellung zwischen Theorie und Experiment, mathematisch-kybernetische Modellmethoden werden in der Literatur unter philosophischen und wissenschaftstheoretischen Aspekten viel und breit diskutiert. Es ist nicht Ziel dieser Arbeit, solche Diskussionen zu werten, sondern Modellierung am konkreten Objekt anzuwenden. Dazu sollen folgende Aussagen dienen:

a) Es handelt sich um die Nutzung von Modellen zum Erkenntnisgewinn, um Informationen über ein Objekt (z.B. das zu trennende Stoffgemisch) zu erhalten, die einem bestimmten Zweck (z.B. das Gemisch in seine Komponenten zu trennen) dienen.

b) Ein „Modell" ist als ein Entwurf anzusehen, mit dem versucht wird, Erscheinungen, Prozesse, Zustände usw. zu beschreiben, um Adäquatheit zwischen Modell und Realität herzustellen.

c) Die Adäquatheit kann im speziellen oder im allgemeinen Sinn aufgefaßt werden und demnach die Beschreibung unter zwei verschiedenen Zielstellungen erfolgen:

— unter Abstraktion vom Besonderen und Herausarbeiten allgemeiner Charakteristika.

Das ideale Gas, die ideale Mischung, die Theorie des aktivierten Komplexes, der ideale Festkörper, die ideal verdünnte Lösung sind solche Modelle, die aus der Realität durch Vernachlässigung von Besonderheiten abgeleitet wurden. Wegen dieser Vernachlässigungen müssen für die Anpassung an die Realität „Koeffizienten" eingeführt werden, für die dann wiederum eine Theorie notwendig wird.

— unter teilweisem Verzicht auf die Berücksichtigung allgemeiner Charakteristika, aber genauer Fixierung und Nachbildung der Realität mit Hilfe einer beliebigen Menge von „Koordinaten“ oder „Parametern“. Hier gehören die vielparametrige Regressionsanalyse ebenso her, wie die Verwendung größeneinheitsloser Kennziffern der Ähnlichkeitstheorie oder die Verwendung von Polytropen.

d) Unter Modellierung soll hier in jedem Fall die Abbildung oder Beschreibung eines realen Stoffsystems verstanden werden. Sie kann offensichtlich unter

- Verwendung physikalischer oder physikalisch-chemischer Theorien (theoretische Modellierung)
- Verwendung experimenteller Ergebnisse (empirische Modellierung) mit Methoden der numerischen Mathematik erfolgen.

Unter physikalisch-chemischer Modellierung (bzw. als Lehrgebiet „Modellierung chemischer Prozesse und Systeme“ genannt) soll die Modellbildung, Parameterentwicklung und das Arbeiten mit Modellen

- bei Vorhandensein mehrerer Prozeß- oder Systemparameter,
- bei Mängeln oder gänzlichem Fehlen einer molekularen oder systemspezifisch anpaßbaren Theorie zur Beschreibung oder Vorausberechnung entsprechender Prozesse und Systeme verstanden werden.

Das gilt sowohl für

- Mehrstoffsysteme: Übertragung von theoretischen Ansätzen in binären Systemen auf Systeme mit einer größeren Komponentenzahl;
  Näherungslösungen für mathematisch nicht geschlossen behandelbare oder nicht von molekularen Größen oder von Größen reiner Stoffe aus berechenbare theoretische Ansätze;
  Planung und Auswertung experimenteller Untersuchungen

wie auch für

- komplexe Prozesse: Näherungslösungen für nicht geschlossen lösbare Gleichungssysteme;
  Nachbildung experimenteller Resultate;
  Prüfung von Hypothesen oder Näherungsansätzen;
  Versuchsplanung usw.

Die physikalisch-chemische Modellierung ist nicht als ein Gebiet der physikalischen Chemie, sondern als eine Arbeitsmethode zu betrachten, die allerdings eine wichtige Schlüsselstellung einnimmt. Für Systeme mit einer größeren Zahl von Komponenten, Phasen, Elementarschritten usw. gibt es, je nachdem ob sie vom Standpunkt des Gleichgewichtes oder vom Standpunkt zeitlicher Änderungen betrachtet werden, zwei logisch in sich geschlossene Gebäude von Zusammenhängen

a) die phänomenologische Thermodynamik von GIBBS, VAN DER WAALS u.a.

b) die Formalkinetik.

Beide lassen sich möglicherweise in der Thermodynamik irreversibler Prozesse — oder der statistischen Mechanik von Nichtgleichgewichtsprozessen — zusammenführen. Sie liefern aber keine expliziten Zusammenhänge, reflektieren nur das Allgemeine und sind nicht ohne andere Aussagen, Annahmen oder Daten anwendbar. In Abb. 1 wird versucht, diese Zusammenhänge klar zu machen und zu zeigen, daß in der physikalisch-chemischen Modellierung Operatoren von den makroskopischen Theorien, Operanden (Daten) aus Experiment oder Theorie und makroskopisch umgesetzte molekulare Vorstellungen sozusagen als „Strategie" eingehen (d.h. Elemente molekularer, streng physikalischer Theorien).

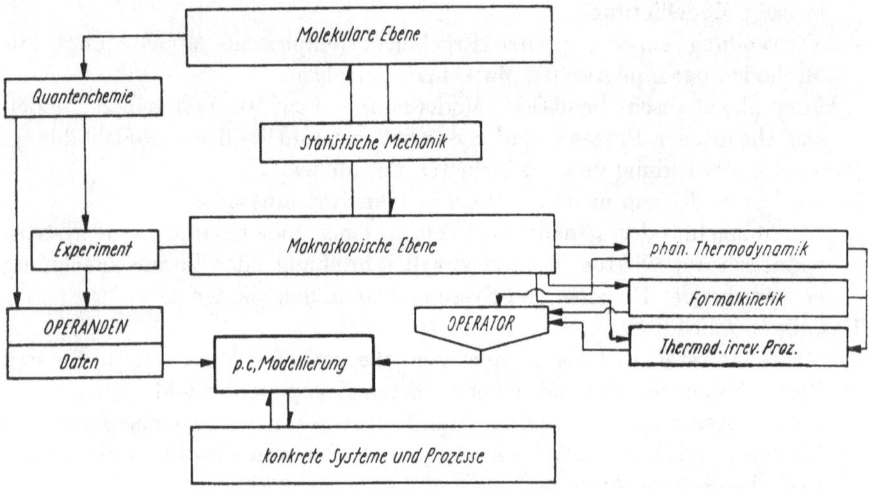

Abb. 1. Einordnung der physikalisch-chemischen Modellierung

Damit lassen sich als Ziele der physikalisch-chemischen Modellierung etwa folgende formulieren.

2.1. Sie soll makroskopische Theorien auf konkrete Systeme oder Prozesse anwendbar machen.

2.2. Sie soll molekulare Theorien, die z.Z. noch nicht in der Lage sind, reales Verhalten genau zu beschreiben, an komplexe Systeme anpassen.

2.3. Sie soll ermöglichen, quantitativ zu arbeiten, wo es an einer theoretischen Begründbarkeit mangelt (Theorie des Experiments).

2.4. Sie benutzt mathematische Methoden und Verfahren in einem Umfang, der heute sicher noch nicht als optimal bezeichnet werden kann. Gleichzeitig sollte sie beitragen, die Beherrschung der Vorausberechnung, d.h. die Nutzung physikalisch determinierter Zusammenhänge und Operationen zu verbessern. Deshalb gehört es zu den Grundaufgaben, die richtigen Relationen von physikalischer und mathematischer Modellierung zu finden.

2.5. Sie leistet einen Beitrag zur theoretischen Fundierung der chemischen Technologie und ist als ein Übergang von der Chemie zu Verfahrenstechnik – Anlagentechnik anzusehen (Romankow [22], Kafarow [13]).

3. Stufen der physikalisch-chemischen Modellierung

Die Grundaufgaben der physikalisch-chemischen Modellierung entsprechen dem allgemeinen Vorgehen beim Modellieren

1. die Gewinnung von Modellen (Modellbildung)
2. die Gewinnung der Parameter
3. die Ausnutzung und Anwendung von Modellen.

Daraus ergeben sich einzelne Stufen wie

4. die Reduktion experimenteller Werte auf ausgeglichene, Kriterien der Thermodynamik oder der Formalkinetik entsprechende Kurven;
5. die zweckmäßigste Darstellung experimenteller Werte;
6. die Korrelation der gewonnenen Parameter,
7. die physikalische Interpretation der Parameter;
8. die Vorausberechnung oder Vorhersage von Parametern und daraus mit Hilfe der Modellgleichungen die Vorausberechnung der realen Daten des Systems oder des Prozesses

sowie unter Nutzung aller vorangehender Punkte hier nicht zu behandelnde Gebiete wie

9. die Versuchsplanung;
10. die Ausarbeitung von Grundlagen für verfahrenstechnische Berechnungen, der Entwurf von Anlagen usw.

Die einzelnen Aufgaben sind meist nicht scharf voneinander zu trennen, wenn auch das methodische Vorgehen in den einzelnen Fällen unterschiedlich ist.

4. Probleme der Modellbildung

4.1. Die zentrale Funktion der Modellbildung ist bei Phasengleichgewichten die Differenz zwischen dem realen und dem idealen Verhalten[1] einer für Mehrstoffsysteme im Gleichgewicht definierten Größe

$$x_{\text{real}} - x_{\text{ideal}} \tag{1}$$

In der chemischen Kinetik ist das Ziel, den richtigen Mechanismus vorzugeben — gewöhnlich unter Stützung auf nichtkinetische Methoden — das daraus resultierende System von Differentialgleichungen mit passenden Methoden zu lösen (was bei komplexen Reaktionen meist schwierig ist, sobald Reaktionsordnungen größer als eins eine Rolle spielen), und schließlich die Parameter

[1] Das bedeutet, daß sich hier die Modellierung nur mit der Wiedergabe von „Koeffizienten" beschäftigt, weil bei Mischungen der ideale Anteil für alle Systeme festgelegt ist und damit auch ohne Probleme bei beliebiger Komponentenzahl berechnet werden kann [14].

(Geschwindigkeitskonstanten) aus den experimentellen Werten zu gewinnen.[2] Daraus folgt, daß beim kinetischen Modellieren das Modell — d.h. das Differentialgleichungssystem — dem jeweiligen konkreten Fall angepaßt wird, während bei Mehrstoffphasengleichgewichten bei exakter Kenntnis der Wechselwirkungsverhältnisse ein für alle Fälle brauchbares Modell gefunden werden könnte. Die Probleme werden im weiteren am Beispiel der Mehrstoffphasengleichgewichte behandelt.

4.2. Die Größe, die gewöhnlich modelliert wird, ist die freie Exzeßenthalpie $G^E(x, T, p)$. Sie hängt nach folgendem Schema mit den anderen für Phasengleichgewichtsberechnungen und Stofftrennverfahren wichtigen Funktionen zusammen:

Aktivitätskoeffizient f_i	$: = G^E(x)$
Selektivität	$: = f_i(x)$
Kapazität (flüssig-flüssig)	$: = f_i(x)$
Kapazität (flüssig-dampfförmig)	$: = f_i(x), p_{0i}$
Dampfdruck $p(x)$	$: = f_i(x), p_{0i}$
Mischungsenthalpie	$: = G^E(x, T)$
Exzessvolumen	$: = G^E(x, p)$
Phasenstabilität	$: = (\delta^2 G^E/\delta^2)$

Bei Dampf-Flüssigkeitgleichgewichten wird also zusätzlich der Dampfdruck der reinen Komponenten benötigt, für sehr genaue Berechnungen spielen die Realgaseigenschaften, die allerdings im normalen Druckbereich oft vernachlässigt werden, eine Rolle.

4.3. Die Modelle können nach den Prinzipien, nach denen sie entwickelt werden, in

- empirische,
- halbempirische und
- theoretische Modelle

eingeteilt werden. In Tab. 1 sind die gebräuchlichsten empirischen, d.h. auf rein mathematischer[3] Reihenentwicklung beruhenden, Modelle zusammengestellt.

---

[2] Während bei Gleichgewichten integrale Größen (die freie Enthalpie der Mischung und die von ihr abgeleiteten Funktionen), benutzt werden können, sind kinetische Differentialgleichungen mit der Zeit als Variablen allgemein nur bei nullter oder erster Ordnung (d.h. wenn sie linear sind) integrierbar, in den meisten Fällen geht es also um das Modellieren von differentiellen Änderungen.

[3] Wenn es auch wie ein Widerspruch erscheint, so sind doch bei der Modellierung die rein mathematischen Modelle ihrem Wesen nach empirischer Natur, d.h., sie sind nur von experimentellen Daten ableitbar.

Über sie lassen sich folgende Aussagen treffen

a) Sie beschreiben experimentelle Daten exakt.

b) Sie können zum Ausgleich experimenteller Daten benutzt werden, allerdings ohne auf andere als zufällige experimentelle Fehler anzusprechen.

c) Sie liefern nur zufällig korrelierbare Parameter. Eine Ausnahme macht dabei die erste Konstante, die dem vierfachen Wert der Exzeßfunktion beim Molenbruch $x = 0,5$ im binären System entspricht, und damit durch die Funktion selbst physikalisch begründet ist. Für diesen Wert kann das richtige Experiment zu Korrelationen führen.

d) Die Zahl der Parameter wird im allgemeinen durch die in Tab. 2 angegebenen Bedingungen bestimmt.

Tabelle 1

Empirische Modelle für $G^E(x)$.
binäre Systeme:

REDLICH-KISTER	$G^E/(1-x)RT = \sum_0^k (2x-1)^k A_{(k)}$	$k = 0, 1, 2, 3 \dots$
VAN LAAR/VAN NESS	$x(1-x)RT/G^E = \sum_0^k (2x-1)^k A_{(k)}$	$k = 0, 1, 2, 3 \dots$
WOHL	$G^E/RT = \sum_1^n x_i \sum_1^n x_j \sum_1^{n\dots} x_k \sum_1^n x_l A_{(ijkl)}$	$n = 1, 2$
Verwendung von Polynomen		
LEGENDRE	$G^E/x(1-x)RT = \sum_0^k L_{(k)}(x) A_k$	
	$L_{(k)}(x) =$ LEGENDRE-Polynom	
TSCHEBYSCHEFF	$G^E/x(1-x)RT = \frac{(x+\sqrt{x^2-1})^k + (x-\sqrt{x^2-1})^k}{2^k} A_{(k)}$	
polynäre Systeme:		
ohne polynäre Glieder	$G^E = \sum G^E_{ij}$	
mit polynären Gliedern	$G^E = \sum G^E_{ij} + Fu(x_i, x_j, \dots, A_{(i)}, A_{(j)} \dots)$	
WOHL	$n = 3, 4, 5, \dots$	

4.4. Theoretische Modelle sind Modelle ohne adjustierbare Parameter, d.h. streng physikalisch begründet. Damit zusammenhängende Probleme wurden in der Klassensitzung am 9. Mai 1974 [14] behandelt. Tab. 3 gibt in der linken Spalte einen Überblick über Grundtypen. In der zweiten Spalte sind Grenzen der Gültigkeit bzw. notwendige Eingangsinformationen enthalten. Wegen der Nichtübereinstimmung zwischen berechneten und experimentellen Werten

Tabelle 2

Bedingungen für die Anzahl der zu ermittelnden Konstanten $(N + 1)$

1. Form des Zusammenhanges
   - linear: $(N + 1) = 2$
   - nichtlinear: > 2
   - Extrema: > 2
   - Wendepunkte: > 3
2. Zahl der Meßpunkte (M): $(N + 1) \leq M$
3. Genauigkeit der Messungen

werden häufig in diese Modelle adjustierbare Parameter eingeführt, wodurch sie zu halbempirischen Modellen werden. So ergeben sich z.B. bei den Modellen, die aus der regulären Lösung abgeleitet werden können (oberste Reihe), bei 32 Kohlenwasserstoffsystemen folgende Werte für den mittleren quadratischen Fehler von G^E in % und die Zahl der Systeme, bei denen das jeweilige Modell die beste Übereinstimmung liefert.

Modell	Reg. Lösung [19]	PRAUSNITZ [19]	WEIMER/ PRAUSNITZ [29]	SCHILLE/ BITTRICH [23]
mittl. quadrat. Fehler	84,9%	99%	103,6%	65,1%
Zahl d. Syst. mit bester Wiedergabe	4	2	8	18

Das Modell der regulären Lösung (ohne adjustierbare Parameter) liefert manchmal relativ gute G^E-Werte, es gibt die experimentellen Werte etwa innerhalb ± 100 J mol^{-1} wieder [18], d.h. für große Abweichungen von der Idealität wird der relative Fehler kleiner. Negative Abweichungen vom RAOULTschen Gesetz kann es nicht beschreiben. Die Modelle mit einem adjustierbaren Parameter (PRAUSNITZ [19], Korrektur des geometrischen Mittels, WEIMER-PRAUSNITZ [29], Zerlegen der Löslichkeitsparameter in Dispersions-, Orientierungs- und Induktionsanteile) führen im Mittel nicht zu einer besseren Beschreibung von G^E, die aber mit unserem Zweiparametermodell erhalten werden kann, bei dem die Dispersionswechselwirkung über die Theorie der regulären Lösung, die unterschiedlichen Volumina über das Modell von FLORY-HUGGINS und dipolare und spezifische Anteile über zwei Konstanten berücksichtigt werden, deren Wert entweder einheitlich für alle Systeme aus beliebigen experimentellen Daten oder spezifischer für bestimmte Systemklassen gewonnen wird [23].

Eine Schwierigkeit, die bei den theoretischen Modellen besteht und einen Vergleich mit experimentellen Daten kompliziert, ist die Normierung auf das, was als „ideale Mischung“ zu definieren ist. Bekanntlich gibt es für eine solche

Tabelle 3

Theoretische Modelle	Grenzbedingung	1-Parametermodell	2-Parametermodell
Reguläre Lösung (HILDEBRAND/SCOTT)	$S^E = 0$	FUNK-PRAUSNITZ u.a.	SCHILLE
$G^E/RT = \varphi_1\varphi_2 V^M(\delta_1 - \delta_2)^2$		$G^E = \varphi_1\varphi_2 V^M(\delta_1 - \delta_2)^2 + 2\, l_{12}\sqrt{\delta_1\delta_2}$	$G^E = \varphi_1\varphi_2 V^M.$
		$\varepsilon_{ij} = (1 - l_{12}) \sqrt{\varepsilon_{ii}\varepsilon_{jj}}$	$(A\delta_1 + B)(A\delta_2 + B)$
Athermische Lösung (FLORY, HUGGINS)	$H^E = 0$	$G^E/RT = -x_i \ln x_i + x_i \ln \frac{x_i(r_i)^p}{\sum x_i(r_i)^p}$	LICHTENTHALER
$G^E/RT = -\sum_{1,\, i \neq j}^{i} x_i \ln\left[x_i + x_j \frac{V_{0j}}{V_{0i}}\right]$		$r_i = \frac{M_i V_i^*}{M_0 V_0^*} \quad 0 < p < 1$	$p \neq p_1 \neq p_2$
Theorie konformale Lösung	Zustandsgleichung	$\varepsilon_{ij} = \zeta \sqrt{\varepsilon_{ii}\,\varepsilon_{jj}}$	
Zelltheorie	Prinzip korresp. Zust.		
Gittertheorie (TOMPA, BARKER)	Strukturannahmen		
Variationstheorie			
Störungstheorie			

Definition drei Möglichkeiten, die im Ergebnis äquivalent aber in der Vernachlässigung verschieden sind.

a) Der Dampfdruck über einer idealen Mischung ist

$$p = \sum_{1}^{i} x_i p_{0i} \tag{2}$$

Diese Normierung wird bei der experimentellen Ermittlung von Aktivitätskoeffizienten benutzt.

b) Die auf PLANCK zurückgehende thermodynamische Berechnung der Entropieänderung mit dem Volumen bei der Überführung einer Komponente in die Mischung

$$\overline{S}_i = -R \ln x_i; \tag{3}$$

die zu

$$\overline{S}^M = -R \sum x_i \ln x_i \tag{4}$$

führt. Sie setzt aber gleiche Größe und gleiche Gestalt der zu mischenden Komponenten voraus. Eine Korrektur in bezug auf das Volumen ist das Modell von FLORY und HUGGINS [6].

c) Die statistische Ableitung der Entropie ist

$$S = k \ln \frac{N!}{\Pi N_i!} \tag{5}$$

wobei

N = Gesamtteilchenzahl
N_i = Teilchenzahl einer Komponente
k = BOLTZMANN-Konstante

sind. Gl. (5) geht unter Anwendung der STIRLINGschen Näherung in Gl. (4) über.

Voraussetzung sind unabhängige Wahrscheinlichkeiten, d.h. zwischen den Teilchen dürfen keine Wechselwirkungen bestehen.

d) Die drei Normierungsmöglichkeiten enthalten als Bedingung, daß sich das zwischenmolekulare Potential bei dem Mischvorgang nicht ändert, d.h. im Fall der Paarwechselwirkung

$$\varepsilon_{ij} = 1/2(\varepsilon_{ii} + \varepsilon_{jj}) \tag{6}$$

ist.

Alle Voraussetzungen sind in der flüssigen Phase im Grunde genommen nicht erfüllt. Deshalb werden bereits in diese Normierung empirische Parameter eingeführt [17].

Es gibt aber heute keine sichere Methode, die Brauchbarkeit des einen oder anderen Modells[4] zu entscheiden. Deshalb versucht man mit den modernen

---

[4] Da G^E durch die Differenz $\overline{\Delta G}^M - \overline{\Delta G}^{id}$ ($\overline{\Delta G}^{id} = -RT \sum x_i \ln x_i = -\overline{T \Delta S}^{id}$) gebildet wird, kann sich durch unterschiedliche Idealanteile sogar das Vorzeichen von G^E ändern [5].

halbempirischen Modellen diese Probleme durch adjustierbare Parameter zu umgehen.

4.5. Die halbempirischen Modelle gehen von drei Grundauffassungen aus

a) Varianten der Beschreibung realer Gase (Modell von VAN LAAR[5], Modelle mit Zustandsfunktionen)

b) Varianten des Gittermodells als Beschreibung des festen Zustandes

c) Varianten des Modells der lokalen Brücke (Molenbruch, Volumenbruch, Oberflächenbruch).

Modelle, die auf dem Realgasverhalten unter Verwendung von Zustandsgleichungen aufbauen, sind früher behandelt worden [14]. Am Beispiel von Kohlenwasserstoffsystemen soll aber noch einmal gezeigt werden, daß sie nicht in der Lage sind, mit einem adjustierbaren Parameter experimentelle Werte der freien Exzeßenthalpie G^E und der Exzeßenthalpie H^E [10] gleichzeitig zu beschreiben.

Tabelle 4

System	Modell	exptl. Werte H^E J/mol	G^E	ξ-Parameter aus H^E	G^E	berech. Werte H^E J/mol	G^E
Cyclohexen	1 L			0,9624	0,9736	226	239
-Benzol	2 L	319	169	0,9624	0,9736	228	241
	3 L			0,9624	0,9736	234	240
Cyclohexen	1 L			0,9862	0,9870	142	136
-n-Pentan	2 L	149	131	0,9850	0,9846	144	128
	3 L			0,9839	0,9822	150	122
Cyclohexen	1 L			0,9892	0,9917	146	117
-n-Hexan	2 L	166	102	0,9862	0,9893	156	120
	3 L			0,9831	0,9867	160	123
Cyclohexen	1 L			0,9899	0,9941	142	96
-n-Heptan	2 L	176	71	0,9882	0,9945	132	110
	3 L			0,9863	0,9948	128	123
Cyclohexen	1 L			0,9923	0,9920	69	50
-Cyclohexan	2 L	67	54	0,9922	0,9918	68	50
	3 L			0,9921	0,9917	68	51

[5] Der Begriff des Modells von VAN LAAR ist bereits unter den empirischen Modellen behandelt worden. Dabei handelt es sich um eine Reihenentwicklung mit beliebiger Konstantenzahl, im hier zitierten Fall um zwei Konstanten, die analog zur VAN DER WAALSschen Gleichung zu verstehen sein sollen [28].

Tabelle 5

System	Modell	exptl. Werte H^E J/mol	G^E	ξ-Parameter aus H^E	G^E	berech. Werte H^E J/mol	G^E
Cyclohexen	1 L			0,9903	0,9882	382	140
-Benzol	2 L	319	169	0,9902	0,9882	370	142
	3 L			0,9901	0,9882	353	143
Cyclohexen	1 L			1,0156	1,0151	161	126
-n-Pentan	2 L	149	131	1,0107	1,0107	165	111
	3 L			1,0093	1,0062	140	96
Cyclohexan	1 L			1,0143	1,0123	222	78
-n-Hexan	2 L	166	102	1,0079	1,0060	228	79
	3 L			1,0015	0,0997	231	79
Cyclohexen	1 L			1,0099	1,0078	236	44
-n-Heptan	2 L	176	71	1,0061	1,0049	248	57
	3 L			1,0022	1,0021	254	61
Cyclohexen	1 L			0,9983	0,9973	110	24
-Cyclohexan	2 L	67	54	0,9982	0,9970	116	24
	3 L			0,9980	0,9966	123	24

Tabelle 6

System	Modell	exptl. Werte H^E J/mol	G^E	ξ-Parameter aus H^E	G^E	berech. Werte H^E J/mol	G^E
Cyclohexen	1 L			0,9807	0,9841	265	203
-Benzol	2 L	319	169	0,9807	0,9842	270	204
	3 L			0,9806	0,9841	279	205
Cyclohexen	1 L			0,9972	0,9977	141	136
-n-Pentan	2 L	149	131	0,9955	0,9948	139	125
	3 L			0,9938	0,9920	143	114
Cyclohexen	1 L			0,9996	0,9998	163	103
-n-Hexan	2 L	166	102	0,9964	0,9968	165	105
	3 L			0,9932	0,9938	167	107
Cyclohexen	1 L			1,0003	1,0009	166	77
-n-Heptan	2 L	176	71	0,9985	1,0004	174	90
	3 L			0,9965	0,9998	172	104
Cyclohexen	1 L			0,9961	0,9955	80	43
-Cyclohexan	2 L	67	54	0,9960	0,9952	78	43
	3 L			0,9960	0,9950	75	43

Bei den Systemen in Tabelle 4 bis 6 wurde entweder der Korrekturfaktor ξ aus G^E gewonnen und damit H^E berechnet, oder umgekehrt ξ aus H^E erhalten und damit G^E berechnet. Verglichen werden drei Zustandsgleichungen, die von van der Waals (Tab. 4), die von Berthelot (Tab. 5)

$$p = \frac{RT}{V-b} - \frac{a}{TV^2} \tag{7}$$

und die von Guggenheim [9a] (Tab. 6)

$$p = \frac{RT \cdot V^4}{(V-b)^4} - \frac{a}{V^2} \tag{8}$$

Die Ergebnisse [25] zeigen, daß bei beiden Exzeßfunktionen unterschiedliche Korrekturfaktoren erhalten und die berechnete Funktion nicht gut wiedergegeben werden[6].

Das Gittermodell ist mit einer Reihe von Varianten auf flüssige Mischung angewandt worden. Die von Barker, Tompa u.a. oder Modelle auf Basis Gruppenbeiträge sind meist mit größeren Zahlen von Parametern verbunden, die natürlich die Wiedergabe experimenteller Daten verbessern, aber für eine Vorausberechnung eine größere Menge Stützdaten benötigen. Für technische Berechnungen haben sich sehr die Modelle der lokalen Brüche durchgesetzt.

5. *Allgemeine Beziehungen für halbempirische Modelle*

5.1. Die auch von der Anwendung her verbreitesten halbempirischen Modelle (oder besser Modellgleichungen) werden aus der Gittertheorie bzw. Theorie der streng regulären Lösung abgeleitet. Das zugrundeliegende „exakte" Modell kann entweder nicht konkret berechnet werden oder führt mit vorgegebenen molekularen oder molaren Parametern nicht zu den experimentell richtigen Werten realer Systeme. Die halbempirischen Modelle lassen sich auf zwei relativ ähnlichen Wegen gewinnen. Der eine Weg soll am Beispiel des UNIQUAC-Modells (*uni*versal *qu*asi-*c*hemical) gezeigt werden [1].

a) Die freie Exzeßenthalpie wird aus

$$G^E = \frac{\Delta G}{\sum n} - RT \sum x_i \ln x_i \tag{9}$$

erhalten.

---

[6] Zustandsgleichungen werden bei der Beschreibung von Phasengleichgewichten sowohl im Rahmen des Fugazitätskonzeptes, wie auch im Rahmen des Aktivitätskonzeptes [3] verwendet. Manchmal wird dabei angenommen, daß dadurch die Zahl der adjustierbaren Parameter gesenkt werden kann. Man muß aber beachten, daß das erste Problem die Wahl der Zustandsgleichung ist, die die richtige Form der $pV(p)$-Abhängigkeit wiedergibt.

b) Die freie Enthalpie einer Mischung von n_i Molen der Komponente i und n_j Molen der Komponente j ($\sum n = n_i + n_j$) wird aus der Gitterzustandssumme Q_{Gitter} erhalten

$$\Delta G \approx A = -kT \ln \frac{Q_{\text{Gitter}}(N_i, N_j)}{Q_{\text{Gitter}}(N_i, O)\, Q_{\text{Gitter}}(N_i, O)} \tag{10}$$

Dabei wird vorausgesetzt, daß jedes Molekül i aus r_i-Molekülsegmenten zusammengesetzt ist, diese sich je auf einem Gitterplatz befinden und die Bewegung der Molekülsegmente um die Gitterplätze nicht von der Zusammensetzung abhängt, d.h. die inneren Freiheitsgrade vernachlässigt werden können.

c) Die Gitterzustandssumme kann nach GUGGENHEIM [9b] in einen Kombinationsterm, der die verschiedenen Anordnungsmöglichkeiten enthält, und einen Term mit der Potentialenergie zerlegt werden. Beide Terme werden getrennt berechnet. Grundlage dafür sind sogenannte „lokale Brüche", die die Verteilung um ein Zentralmolekül in bezug auf Moleküle gleicher Art $x_{i(j)}$ bzw. auf Moleküle der anderen Molekülart $x_{i(j)}$ angeben und die Segmentbrüche

$$\Phi_i = \frac{r_i x_i}{\sum r_i x_i} \tag{11}$$

wobei r_i aus dem Verhältnis des VAN DER WAALSschen Kovolumens des Segmentes i zu einem Standardsegment erhalten wird.

d) Anstelle der „lokalen Molenbrüche" können auch „lokale Volumenbrüche" $\varphi_{i(j)}$ oder — wie im UNIQUAC-Modell — lokale Oberflächenbrüche $\Theta_{i(j)}$ eingeführt werden.

Für das athermische ($H^E = 0$) Modell ist der lokale Oberflächenbruch

$$\Theta_i = \frac{q_i x_i}{\sum q_i x_i} \tag{12}$$

wobei q_i ein der Moleküloberfläche proportionaler Parameter und q_i gleich der Zahl der nächsten Nachbarn ist. Für die lokalen Brüche gelten Beziehungen der Art

$$\sum^{k=n} x_{i(k)} = 1 \tag{13}$$

Für die Potentialenergie wird ein Zweiflüssigkeitsmodell angenommen[7]. In erster (quasichemischer) Näherung ergibt sich für den realen „lokalen" Oberflächenbruch

$$\Theta_{ii} = \Theta_i \Theta_i + \Theta_j \exp[-(\lambda_{ji} - \lambda_{ii})/RT] \tag{14}$$

oder für

$$\frac{\Theta_i}{\Theta_{ii}} = \Theta_i + \Theta_j \exp[-(\lambda_{ji} - \lambda_{ii})/RT] \tag{15}$$

---

[7] Bei diesen Ableitungen wird keine geometrische Mittelbildung für die Wechselwirkungsenergie zwischen verschiedenartigen Komponenten benötigt.

e) Für $G^E/_{RT}$ ergeben sich die beiden Anteile zu

$$\frac{G^E_{\text{comb.}}}{RT} = \sum x_i \ln \frac{\Phi_i}{x_i} + \frac{z}{2} \sum q_i x_i \ln \frac{\Theta_i}{\Phi_i} \tag{16a}$$

und

$$\frac{G^E_{\text{Energ.}}}{RT} = -\sum q_i x_i \ln \left(\sum_j \Theta_j \tau_{ji}\right) \tag{16b}$$

mit

$$\tau_{ji} = \exp[-(\lambda_{ji} - \lambda_{ii})/RT] \tag{16c}$$

Gl. (16) ist eine gute Annäherung an ein physikalisches Modell, enthält aber auch wesentliche Nachteile des Gittermodells. Sie kann durch folgende Punkte charakterisiert werden:

— sie enthält zwei adjustierbare Parameter;
— die Koordinationszahl wird willkürlich vorgegeben;
— für die Normierung von r_i und q_i werden Modelle und experimentelle Werte benötigt;
— die Wahl der Normierungsbedingung für r_i und q_i kann die gesamte Rechnung beeinflussen;
— Korrelations- und Voraussagemöglichkeiten entsprechen denen anderer Modelle (z.B. NRTL);
— entmischende Systeme können beschrieben werden;
— durch Verfügen über r_i und q_i entsprechenden Substitutionen und Reihenentwicklung der e-Funktion lassen sich andere Modelle aus der UNIQUAC-Gleichung ableiten [1]:
die athermische Flory-Huggins Gleichung, die Wilson-Gleichung, die NRTL-Gleichung, die van Laar-Gleichung, verschiedene Varianten des Ansatzes für die reguläre Lösung, die Margules-Gleichung, damit auch die Redlich-Kister-Gleichung und die Beziehung von Flory—Huggins für Polymerlösungen

5.2. In den zweiten Weg zur Gewinnung halbempirischer Modelle zur Beschreibung von $G^E = Fu(x)$ gehen folgende molekularen Überlegungen ein:

— Die zwischenmolekularen Wechselwirkungen beruhen auf binären Paarwechselwirkungen, auch beim Übergang auf Mehrkomponentensysteme.
— In der flüssigen Phase, die nicht einer streng regulären Lösung gehorcht, bilden sich auf Grund von Assoziationen, Destruktuierung und EDA-Wechselwirkungen im mikroskopischen Bereich (Zellen) lokale Konzentrationsverhältnisse, die nicht dem analytischen Molenbruch entsprechen. Die lokalen Molenbrüche stehen mit dem analytischen Molenbruch über Parameter der binären Kontaktwechselwirkung (q_{ij}) in Beziehung:

$$x_{i(j)} = x_i q_{ij} (x_i q_{ij} + x_j q_{jj})^{-1} \tag{17}$$

Für die Wechselwirkungsenergie in einem Mol Mischung ergibt sich beispielsweise unter Berücksichtigung der lokalen Zusammensetzung und den Energien der binären Kontaktwechselwirkung (λ_{ij})

$$U_{ij} = x_i x_{i(j)} \lambda_{ii} + x_i x_{j(i)} \lambda_{ji} + x_j x_{i(j)} \lambda_{ij} + x_j x_{j(j)} \lambda_{jj} \tag{18}$$

und für die innere molare Exzeßenergie

$$U^E = x_i x_{j(i)}(\lambda_{ij} - \lambda_{ii}) + x_j x_{i(j)}(\lambda_{ji} - \lambda_{jj}) \text{ bzw.}$$

$$U^E = x_i x_{j(i)}\,\tau_{ij} + x_j x_{i(j)}\,\tau_{ji}. \tag{19b}$$

Gl. (18) entspringt der Anwendung der Zweiflüssigkeitstheorie.

Die freie molare Exzeßenthalpie läßt sich analog Gl. (16) entweder unter Betonung des enthalpischen ($S^E = 0$) oder des entropischen ($H^E = 0$) Anteils berechnen [7]

$$-V^E = S^E = 0: U^E = G^E = x_i x_{j(i)}\,\tau_{ij} + x_j x_{i(j)}\,\tau_{ji} \tag{20}$$

$$-V^E = 0: \qquad G^E = RT\left(x_i \ln \frac{x_{i(i)}}{x_i} + x_j \ln \frac{x_{j(j)}}{x_j}\right) \tag{21}$$

Eine allgemeine Fundamentalgleichung, die als Ordnungsprinzip für alle halbempirischen Gleichungen gültig ist, besitzt dann folgende Form:

$$G^E = p(U^E)_{V^E=S^E=0} + t\,(T\int U^E d^1/T)V^E = 0 \tag{22}$$

Dabei stellen Gleichungen mit

$p = 1$, $t = 0$ enthalpische Modelle,
$p = 1$, $t = 1$ irreguläre Modelle,
$p = 0$, $t = 1$ entropische Modelle dar.

5.2.2. Aus Gl. (22) lassen sich nahezu alle nicht streng molekularen Mischungsmodelle ableiten:

enthalpischen Modelle ($p = 1$, $t = 0$)

Name	q_{ij}	τ_{ij}
NRTL [21]	$\exp(-\alpha_{ij}\,\lambda_{ij}/RT)$	$\lambda_{ij} - \lambda_{ii}$
NRTL (2. Par.)	$\exp(-\lambda_{ij}/RT)$	$\lambda_{ij} - \lambda_{ii}$
Marina	$\exp(+\lambda_{ij}/RT)$	$\lambda_{ij} - \lambda_{ii}$
Palmer/Smith	$\exp\left(-\frac{\Delta H_{ij}^{LV}}{RT} - \ln p_{ij}\right)$	$RT \ln (p_{ij}/p_{0i})$
Hala	$(A_{ij})_j$	$(A_{ij})_i$

irreguläre Modelle

Name	q_{ij}	τ_{ij}
Heil	$\exp(-\lambda_{ij}/RT)$	$\lambda_{ij} - \lambda_{ii}$
UNIQUAC [1]	s. Gl. (16)	

entropische Modelle ($p = 0, t = 1$)

Wilson [30]	$V_{0i} \exp(-\lambda_{ij}/RT)$	$\lambda_{ij} - \lambda_{ii}$
(Flory [6]	V_{0i}	0)

Diese Modelle sind nicht in der Lage, Mischungslücken zu beschreiben, deshalb sind einige Modelle mit einem zusätzlichen adjustierbaren Parameter entwickelt worden. Beim Übergang auf Mehrkomponentensysteme müssen diese Parameter (t) jedoch in den binären Untersystemen den gleichen Wert besitzen.

3 Par.-WILSON	$V_{0i} \exp(-\lambda_{ij}/RT)$	$\lambda_{ij} - \lambda_{ii}$	$t = C > 1$
MCLEAN	$V_{0i} \exp\left(-\frac{z}{2}\varepsilon_{ij}/RT\right)$	$\frac{z}{2}(\varepsilon_{ij} - \varepsilon_{ii})$	$t = \frac{z}{2} > 1$

5.2.3. Mit anderen Ansätzen für U^E — also nicht der Zweiflüssigkeitstheorie — lassen sich andere Modellgleichungen gewinnen,[8] z. B.:

$$U^E = x_i x_{j(j)} \tau_{ij} + x_j x_{i(i)} \tau_{ji}$$

enthalpische Modelle

Name	q_{ij}	τ_{ij}
ISHIDA	$\exp(-\lambda_{ij}/RT)$	$\lambda_{ij} - \lambda_{ii}$
VAN LAAR	b_i	$\frac{b_i}{R}\left(\frac{\sqrt{a_i}}{b_i} - \frac{\sqrt{a_j}}{b_j}\right)$

irreguläre Modelle

Name		
VAN LAAR (erweitert)	b_i	$\frac{b_i}{R}\left(\frac{\sqrt{a_i}}{b_i} - \frac{\sqrt{a_j}}{b_j}\right)$

$$U^E = x_{i(j)} x_{j(i)} (\tau_{ij} + \tau_{ji})$$

enthalpische Modelle

Name	q_{ij}	$(\tau_{ij} + \tau_{ji})$
BRUIN (enth. WILSON)	$\exp(-\lambda_{ij}/RT)$	$\lambda_{ij} + \lambda_{ji} - \lambda_{ii} - \lambda_{jj}$
HILDEBRAND	V_{0i}	$RT\ V^M(\delta_i - \delta_j)^2$

5.3. Kriterien für die Brauchbarkeit der Modelle

In Tab. 7 werden einzelne Gleichungen (Spalte 1), die sich aus dem allgemeinen Ansatz, Gl. (22) entwickeln lassen, in bezug auf folgende Kriterien analysiert:

Spalte 2: Thermodynamische Konsistenz

Modelle, die über G^E entwickelt werden, schließen die Gültigkeit der GIBBS-DUHEMschen Beziehungen ein und sind damit immer konsistent.

---

[8] Die beiden folgenden Versionen entsprechen nicht mehr einem Flüssigkeitsmodell, sondern sind postuliert worden. Der zweite Fall entspricht etwa dem Ansatz von PORTER [20] bzw. der nullten Näherung von HEITLER und HERZFELD [12], die auch an der NRTL-Gleichung mit $\alpha = 0$, d.h. physikalisch mit unendlich viel nächsten Nachbarn erhalten werden.

Tabelle 7

1	2	3	4	5	6	7
Porter	+	(+)	1	+	+	$-\infty < G^E < \infty$
NRTL	+	+	3	(+)	+	$-\infty < G^E < \infty$
NRTL(2 Parameter)	+	(+)	2	(+)	—	$-\infty < G^E < 0{,}278RT$
Bruin-Prausnitz	+	+	2(1)	+	+	$-0{,}15RT < G^E < \infty$
Marina	+	+	2	+	+	$-\infty < G^E < \infty$
Palmer-Smith	+	+	2	+	+	$-\infty < G^E < \infty$
Enthalpic-Wilson	+	+	2(3)	+	(+)	$-\infty < G^E < 0{,}72RT$
Ishida	+	+	2	+	+	$-0{,}278RT < G^E < \infty$
van Laar	+	(+)	2	+	+	$-\infty < G^E < \infty$
Hildebrand	+	(−)	0	—	+	$0 \leq G^E < \infty$
Hala	+	+	4	(+)	+	$-\infty < G^E < \infty$
Orye	+	+	2	+	+	$-\infty < G^E < \infty$
Heil	+	+ [2]	2	+	+	$-\infty < G^E < \infty$
erw. van Laar	+	+	2	+	+	$-\infty < G^E < \infty$
Wilson	+	(+)	2	+	—	$-\infty < G^E < RT \ln 2$
Wilson (3 Patam.)	+	+ [1]	3	(+)	+	$-\infty < G^E < \infty$
Mc Lean	+	+ [1]	3	+	+	$-\infty < G^E < \infty$ 0
Flory	+	(+)	0	—	—	$-\infty < G^E \leq 0$
UNIFAC	+	+	2(1)	+	+	$-\infty < G^E < 0$
UNIQUAC	+	+	2(1)	+	+	$-\infty < G^E < 0$

[1]) Bei der Anwendung auf Mehrkomponentensysteme muß hier der empirische Parameter in den binären Untersystemen gleich sein

[2]) in Polymerlösungen

Spalte 3: Beschreibung der experimentellen Daten mit hinreichender Genauigkeit

Dazu gehören

— die Flexibilität des Modells:
  Die Fehlerquadratsumme soll in allen Fällen möglichst klein sein.
  Funktionell unterschiedliche Konzentrationsabhängigkeiten sollen etwa gleich gut wiedergegeben werden können.
  Wiedergabe von Vorzeichenwechsel
— die Signifikanz der Parameter:
  ihre eindeutige Bestimmbarkeit (Abschnitt 8),
  ihre physikalische Interpretierbarkeit,
  ihre Vorausberechenbarkeit.

Spalte 4: Zahl der adjustierbaren Parameter

Sie soll möglichst klein sein

— wegen der Übertragbarkeit auf polynäre Systeme;
— damit eine deutliche Differenz zwischen der Zahl der Parameter (Tabelle 2) und der Meßwerte und damit die für die Minimierung der objektiven Funktion erforderliche Fehlerverteilung vorliegen;

- weil mit steigender Parameterzahl der mathematische Charakter des Modells zunimmt und die Korrelierbarkeit der Parameter abnimmt;
- weil das Modell auch fehlerglättend wirkt, d.h. eine physikalisch bedingte Kurvenform vorgeben soll; im Grenzfall $M \approx N$ geht die Kurve durch jeden Punkt.

Spalte 5: Anwendbarkeit auf polynäre Systeme
Sie ist begrenzt
- durch die Zahl der adjustierbaren Parameter der binären Systeme,
- durch die Güte der Wiedergabe binärer Systeme (s. Abschn. 5.4.)

Spalte 6: Beschreibung der Phasenstabilität

Spalte 7: Wertevorrat für G^E
Zu den Kriterien muß auch die Korrelierfähigkeit der Parameter gerechnet werden, die aber heute allgemein unbefriedigend ist (s. Abschnitt 8)

5.4. Schließungsbedingungen. Die Gleichungen der Modelle mit lokalen Brüchen enthalten auch im polynären System nur Paarwechselwirkungen. Daraus folgt, daß in einem n-Komponentensystem nur (n − 1) unabhängige Differenzen zwischen den Potentialenergien gleicher und ungleicher Komponenten vorhanden sein dürfen. So wird für die WILSON-Gleichung mit

$$\ln \Lambda_{ij} = \ln r_{ji} - (\lambda_{ij} - \lambda_{ii})RT \tag{23}$$

für ein ternäres System

$$\ln \Lambda_{ij} + \ln \Lambda_{jk} + \ln \Lambda_{ki} = \ln \Lambda_{ji} + \ln \Lambda_{ik} + \ln \Lambda_{kj} \tag{24}$$

Für die NRTL-Gleichung mit

$$\ln G_{ij} = -\alpha_{ij}\tau_{ij} \tag{25}$$

und

$$\tau_{ij} = (\lambda_{ij} - \lambda_{jj})/RT$$

gilt

$$\tau_{ij} + \tau_{jk} + \tau_{ki} = \tau_{ji} + \tau_{ik} + \tau_{kj}, \tag{26}$$

aber für $\ln G_{ij}$ eine zu Gl. (24) analoge Beziehung nur, wenn $\alpha_{ij} = \alpha_{jk} = \cdots$.

Diese Schließungsbedingungen $(ij \to jk \to kl \to \cdots zi)$ oder Bindungsbeziehungen, die von HALA [11] als ein Kriterium für die Anwendbarkeit auf polynäre Systeme eingeführt wurden, werden meist nicht exakt erfüllt. Daraus ist zu folgern, daß die halbempirischen Modelle der lokalen Brüche zusammen mit experimentellen Daten zwar schon eine gute, aber keine physikalisch genaue Beschreibung polynären Verhaltens sind.

Vorteile ergeben sich deutlich bei der Versuchsplanung. In einem n-Stoffsystem müssen bei Verwendung eines hier beschriebenen Modells $\frac{n}{2}(n-1)$ binäre Systeme, aber kein polynärer Punkt gemessen werden.

Bei Verwendung der später (Abschnitt 10) beschriebenen Einparametermodelle reduziert sich diese Zahl nochmals um den Faktor $\left(\frac{n}{2}\right)$, d.h. so wie einerseits für die Entwicklung solcher Modelle noch exakte experimentelle Arbeit notwendig ist, kann auf der anderen Seite durch ihre Anwendung ein bedeutender experimenteller Aufwand eingespart werden.

Am Beispiel der Systeme Benzol-Cyclohexan-Dimethylformamid (I) und Benzol-Cyclohexan-N-Methylpyrrolidon (II) werden in Tab. 8 verglichen:

a) die mit neun binären und drei ternären Konstanten modellierten Dampfdrücke gegenüber den experimentellen, (G^E für diesen Fall gilt als exakt)

b) die mit der NRTL-Gleichung berechneten Dampfdrücke mit den experimentellen

c) die mittlere Abweichung des mit der NRTL-Gleichung berechneten G^E zu a)

d) die mittlere Abweichung des mit der Wilson-Gleichung berechneten G^E zu a) (nur für NMP-System, nur bei einer Temperatur)

e) die mittlere Abweichung des nur mit binären Redlich-Kister-Konstanten berechneten G^E zu a)

f) $\Delta \ln \Lambda$ = Gl. (24) linke Seite — rechte Seite

g) $\Delta \tau$ = Gl. (26) linke Seite — rechte Seite

Tabelle 8

	I	II
a)/ Δ p/Torr	± 3,5	± 0,93
b)/ Δ p/Torr	± 7,0	± 3,8
c)/ %	±14,5	± 2,3
d)/ %	—	±22,6
e)/ %	±19,6	±17,3
f) (Soll = 1)	2,85	1,24
g) (Soll = 0)	1,0	2,17

I $C_6H_6-cC_6H_{12}$—DMFA
II $C_6H_6-cC_6H_{12}$—NMP

6. Probleme der Parametergewinnung

Parametergewinnung, Datenreduktion, Datendarstellung erfordern in hohem Grade Anwendung mathematischer Details. Hier sollen nur einige grundsätzliche Probleme behandelt werden.

6.1. Das Experiment liefert diskrete Meßpunkte z.B. bei Dampf-Flüssigkeits-Gleichgewichten

— Dampfdruckkurven $p = Fu(x)$
— Siedekurven $T = Fu(x)$

bei Flüssigkeits-Flüssigkeits-Gleichgewichten

— Verteilungskurven $x_i' = Fu(x_i'')$
  (x', x'' sind die Molenbrüche in den entmischenden Phasen),

bei kinetischen Messungen

— Konzentrations-Zeitkurven $c_i = Fu(t)$

— Konzentrations-Umsatzkurven $c_i = Fu(U)$ usw.

Die Meßwerte streuen um eine exakte, stetige, aber nicht genau bekannte Kurve. Die ausgeglichene und wahrscheinlichste Kurve wird durch einen Fehlerausgleich

— nach der Methode der kleinsten Fehlerquadratsumme, die eine GAUSS-Verteilung voraussetzt oder

— nach dem Prinzip der maximalen Wahrscheinlichkeit (principle of maximum likelihood BAIRD, LAPIDUS [2]), bei dem im Grunde genommen mit einer gewichteten Verteilung gearbeitet wird,

in bezug auf eine vorzugebende Zielfunktion (objective function) gefunden. In Tab. 9 sind die Schritte bei der Auswertung von Dampf-Flüssigkeits-Gleichgewichten enthalten.

Tabelle 9

Dampf-Flüssigkeits-Gleichgewichte

Messung	$p(x)$	$T(x)$
Thermodyn. Beschr.	$p(x, T) = \Sigma a_i p_{0i}(T)$	
	$a = x_i f_i$	
	$f_i = Fu(A_{(i)}, x_i)$	
Modell	$f_i = Fu(A_{(i)}, x_i)$	
Parameterermittlg.	$\Sigma\left(\frac{\partial p}{\partial A_{(i)}}\right)_{A(j),T} = 0$	
Zielfunktion	$\Sigma(p(\exp) - p(\text{ber})) \to \text{Min!}$	

6.2. Ein offenes Problem ist die Wahl der objektiven Funktion, die die Datenreduktion und Datendarstellung wesentlich beeinflußt. Die drei Funktionen

$$\sum_{i=1}^{k} \sum_{j=1}^{3} (\ln a'_{ij} - \ln a''_{ij})^2 \overset{!}{=} \text{Min} \tag{27}$$

$$\sum_{i=1}^{k} \sum_{j=1}^{3} \left(x_{ij} - y_{ij} \cdot \frac{f''^2_{ij}}{f'_{ij}}\right) \overset{!}{=} \text{Min} \tag{28}$$

$$\sum_{i=1}^{k} \sum_{j=1}^{3} (\ln a'_{ij} - \ln a''_{ij})^2 x_{ij} y_{ij} + (\ln a'_{i1} - \ln a''_{i1})^2 \overset{!}{=} \text{Min} \tag{29}$$

sind beim System n-Hexan-N · Methylcaprolactam(NMC)-Äthylenglykol als Zielfunktion für die Wiedergabe der Konnoden und der Binodalkurve geprüft worden. Nur die dritte Bedingung erreicht eine vernünftige Anpassung an experimentelle Werte (es sind nicht alle Konnoden gezeichnet), wie Abb. 2 zeigt [6].

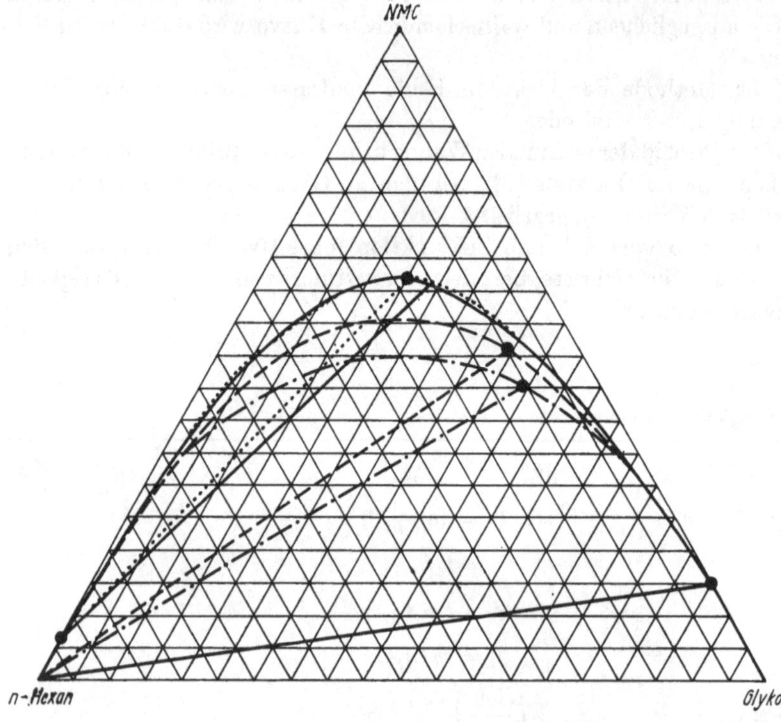

Abb. 2. Einfluß der objektiven Funktion auf die Wiedergabe von Binodalkurve und Konnoden im ternären Flüssig-flüssig Gleichgewicht n-Hexan-Glykol-N-Methylcaprolactam (NMC)

—·—·—·— Gl. (27); — — — — — — Gl. (28); ·········· Gl. (29); ——— exptl. Werte

Bei Dampf-Flüssigkeits-Gleichgewichten ist das Problem ähnlich. Am zweckmäßigsten werden experimentelle Werte als Zielfunktion benutzt

$$\sum (p_{\exp} - p_{\text{ber}})^2 \overset{!}{=} \text{Min} \tag{30}$$

$$\sum (y_{\exp} - y_{\text{ber}})^2 \overset{!}{=} \text{Min} \tag{31}$$

(y_i = Dampfphasenkonzentration)[9] oder auch

$$\sum (T_{\text{exp}} - T_{\text{ber}})^2 \overset{!}{=} \text{Min} \tag{32}$$

6.3. Im Zusammenhang mit der Datendarstellung muß auch der Nutzen von Modellfunktionen für die Stoffdatenspeicherung von Mehrstoffsystemen, die erst die Voraussetzungen für die Anwendung großer Berechnungsprogramme für die Stofftrennung ermöglicht, erwähnt werden.

Tab. 10 gibt einen Überblick über Inhalt und Umfang von Datensammlungen für Dampf-Flüssigkeits-Gleichgewichte. Im günstigsten Fall kommt man pro System bei einer Temperatur mit etwa 150 Ziffern und Druckzeichen aus.

Erforderlich sind aber nur

a) die Dampfdrücke der reinen Substanzen in Form der ANTOINE- oder DUPRE-RANKINE-Konstanten (3)

b) Angabe des Modells

c) die freien Exzeßenthalpien in Form der Konstanten des Modells (für ein binäres System sind in den meisten Fällen drei Konstanten ausreichend).

Bei Verzicht auf die Extrapolierfähigkeit kann anstelle von b) und c) auch der Exzeßdruck p^E

$$p^E = p_{\text{exp}} - \sum x_i p_{0i} = x_i x_j \sum_{o}^{n} (2x - 1)^n A_{(n)} \tag{33}$$

zum Speichern der Daten benutzt werden.

Tabelle 10

Sammlung		Größe	binäre Syst.	polynäre Syst.
KOGAN-FRIDMAN-KAFAROW	1966	VLE	1765	392
KOGAN-FRIDMAN	1961	VLE	768	102
CHU	1956	VLE	416	48
HORSLEY I	1947	Az. Dat.	6151	309
HORSLEY II	1962	Az. Dat.	1674	265
FRANCIS	1961	$T_{\text{krit.}}$	3500	—

VLE = Dampf-Flüssigkeitsgleichgewicht
Az. Dat. = Daten für azeotrope Punkte
$T_{\text{krit.}}$ = kritische Mischungspunkte flüssig-flüssig

6.4. Die Probleme der Parametergewinnung lassen sich in folgenden Punkten zusammenfassen

[9] Die Dampfphasenkonzentration ist eine experimentelle bestimmbare Größe. Die Bestimmungen sind aber meist ungenauer als die des Dampfdruckes, vor allem wenn die Siedepunkte der reinen Substanzen weiter auseinanderliegen. Deshalb wird heute meist so wie in Tab. 9 vorgegangen, aber die Rückrechnung auf y_i als Konsistenztest benutzt.

a) Die experimentellen Werte sollen mit einem möglichst geringen zufälligen Fehler behaftet sein.

b) Für die Wiedergabe muß aus den makroskopischen Theorien ein brauchbares System von Beziehungen abgeleitet werden können (z.B. für Phasengleichgewichte: Dampfdruckgleichungen; für kinetische Vorgänge: dem Mechanismus analoge Zeitgesetze).

c) Es muß ein Modell zugängig sein, daß die praktische Konzentrationsabhängigkeit richtig beschreiben kann (s. Abschnitt 7.2.).

d) Es muß die Zielfunktion bekannt sein, die die Suche eines günstigsten Minimums ermöglicht.

e) Die Zielfunktion soll Mehrfachlösungen ausschließen.

f) Es muß ein konsistentes Verfahren zur Gewinnung von Startwerten vorhanden sein, d.h. die Startwerte aus dem Modell entwickelt werden. Für Modell des enthalpischen Typs ist [4] mit $\tau_{ij} = \tau_{ji} = \bar{\tau}$

$$\bar{\tau} = \frac{2p}{\sum x_i p_{0i}} = 2\,\frac{p^E}{p^{id}} + 1 \tag{34}$$

mit $p^E = p - \sum x_i p_{0i}$ und $p^{id} = 0{,}5(p_{01} + p_{02})$,

für solche des entropischen Typs mit $\Lambda_{ij} = \Lambda_{ji} = \bar{\Lambda}$

$$\bar{\Lambda} = \frac{p^{id} - p^E}{p^{id} + p^E} \tag{35}$$

geeignet, während für gemischte Modelle

$$\frac{p^E}{p^{id}} = \frac{\bar{\tau}}{4} + \frac{1 + \ln \bar{\tau}}{1 - \ln \bar{\tau}} \tag{36}$$

iterativ gelöst werden muß.

7. *Ausschluß von Mehrfachlösungen, Einfachheit der Struktur*

7.1. Einfachheit der Struktur, Genauigkeit der Beschreibung experimenteller Kurven und Ausschluß von Mehrfachlösungen sind nicht miteinander in Einklang zu bringen. Abb. 3 zeigt den Einfluß der Fehlerquadratsumme bei der Bestimmung der WILSON-Parameter am Beispiel des Systems Methylacetat-Methanol, wobei die Ausdrücke $(\Lambda_{ij} - \Lambda_{ii})$ zugrundeliegen.

Ein echtes Minimum wird sowohl mit den Wechselwirkungsdifferenzen $(+2500/+1000\ \mathrm{J\ mol^{-1}})$ wie auch mit $(+4000/-1200\ \mathrm{J\ mol^{-1}})$ erreicht. Die gestrichelte Kurve soll für ein Einparametermodell gelten. Hier besteht das Problem darin, überhaupt ein Minimum zu erreichen.

7.2. Die Abhängigkeiten $\ln f_i = Fu(x)$ sind für die einzelnen Modelle auch dann unterschiedlich, wenn die Grenzaktivitätskoeffizienten gleich sind. Abb. 4 vergleicht vier Modelle, wobei aus den Beziehungen

$$\ln f_{\infty 1} = Fu\ (A_0, A_1) \tag{37a}$$

$$\ln f_{\infty 2} = Fu\ (A_0, A_1) \tag{37b}$$

eine Konstante eliminiert, die zweite als Abszisse benutzt worden ist, und der zweite Grenzaktivitätskoeffizient als Parameter dient. Zu erkennen ist

a) die Abhängigkeiten zwischen den Grenzaktivitätskoeffizienten und den Konstanten sind für die einzelnen Modelle unterschiedlich,

b) die Wilson- und die NRTL-Gleichungen führen zu Mehrfachlösungen, wenn die Aktivitätskoeffizienten kleiner als eins sind.

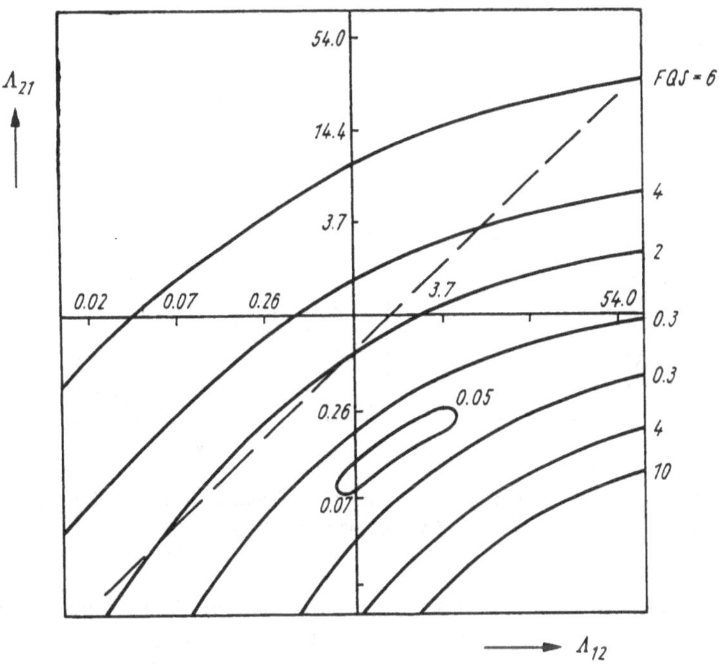

Abb. 3. Fehlerquadratsumme in Abhängigkeit der Parameter Λ_{21} und Λ_{12} der Wilson-Gleichung; System: Methylacetat — Methanol

Damit resultieren verschiedene Möglichkeiten zu Mehrfachlösungen in binären Systemen. Die binären Parameter sind aber für die Berechnung der polynären entscheidend. Deshalb wird gegenwärtig versucht, Wege zum Ausschluß von Mehrfachlösungen zu finden.

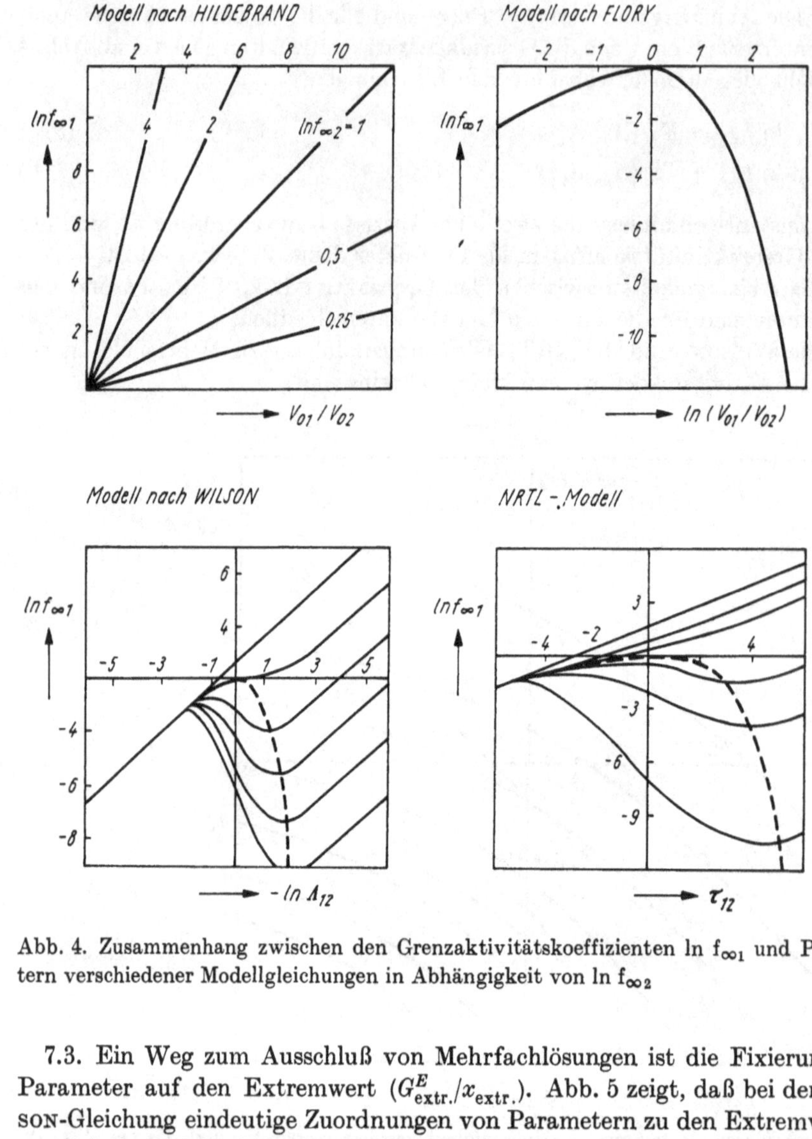

Abb. 4. Zusammenhang zwischen den Grenzaktivitätskoeffizienten ln $f_{\infty 1}$ und Parametern verschiedener Modellgleichungen in Abhängigkeit von ln $f_{\infty 2}$

7.3. Ein Weg zum Ausschluß von Mehrfachlösungen ist die Fixierung der Parameter auf den Extremwert ($G^E_{\text{extr.}}/x_{\text{extr.}}$). Abb. 5 zeigt, daß bei der Wilson-Gleichung eindeutige Zuordnungen von Parametern zu den Extremwerten möglich sind [4]. In Abb. 6 ist die NRTL-Gleichung als Zweiparametergleichung

$$q = x_1 x_2 \frac{t_{21} e^{-t_{21}}}{x_1 + x_2 e^{-t_{21}}} + \frac{t_{12} e^{-t_{12}}}{x_1 + x_2 e^{-t_{12}}} \tag{38}$$

$$\text{mit } q = \frac{\alpha \cdot G^E}{RT} \qquad t_{ij} = \frac{\alpha G_{ij}}{RT} = \frac{e^{-\alpha}\, \tau^{ij/RT}}{RT}$$

darstellt. Die ausgezogenen Linien gelten für $q_{extr.}$ die gestrichelten für $x_{extr.}$. Unterschiedliche Extremwerte können durch gleiche Konstanten und umgekehrt wiedergegeben werden [26].

Allerdings muß bei dieser Methode auch dort, wo sie funktioniert, eingewendet werden:

— Es gibt Systeme mit unscharfen und mit mehreren Extrema

— $G^E_{extr.}$ ist schon das Ergebnis einer Modellierung, nämlich der in Tabelle 9 beschriebenen, in die Parameter der Modellgleichung eingehen.

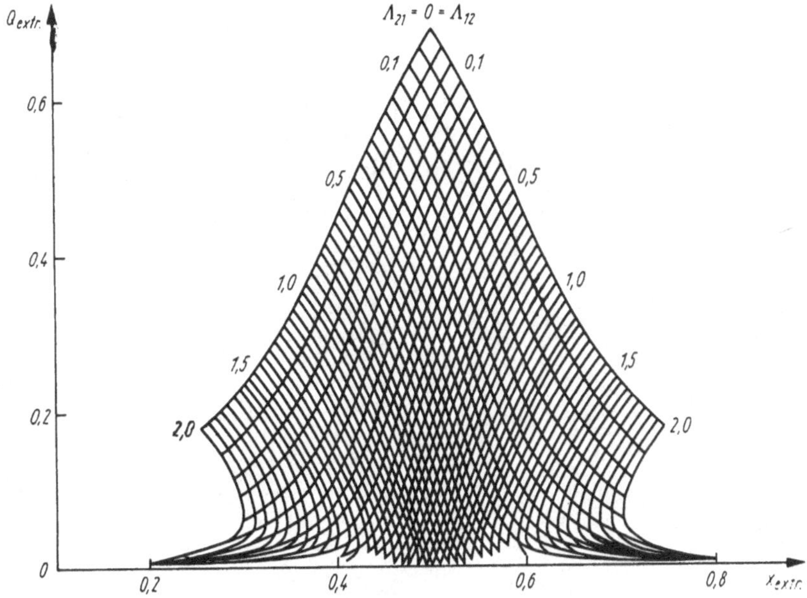

Abb. 5. $Q_{extr.} = \frac{G^E_{extr.}}{RT}$ als Funktion vom Molenbruch; $x_{extr.}$ für die WILSON-Gleichung

8. Probleme der Korrelation der Parameter

Zu den wichtigsten Unterschieden zwischen mathematischer und physikalischer Modellierung oder zwischen der Verwendung empirischer oder halbempirischer Modelle sollte die Korrelierbarkeit der Parameter gehören. Nach den Grundlagen für solche Korrelationen kann man folgende Gruppen unterscheiden

a) Korrelation gemäß funktionellen makroskopischen Abhängigkeiten, z.B. mit der Temperatur.

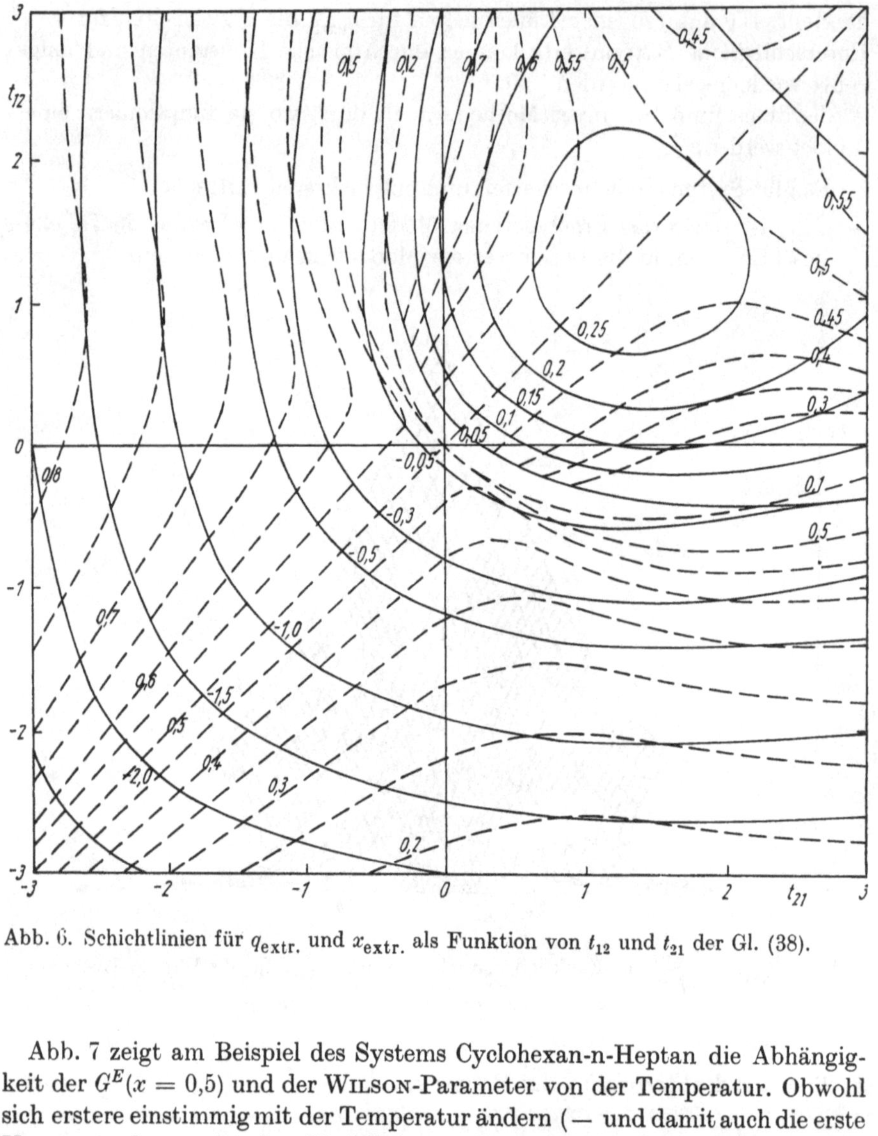

Abb. 6. Schichtlinien für $q_{\text{extr.}}$ und $x_{\text{extr.}}$ als Funktion von t_{12} und t_{21} der Gl. (38).

Abb. 7 zeigt am Beispiel des Systems Cyclohexan-n-Heptan die Abhängigkeit der $G^E(x = 0{,}5)$ und der Wilson-Parameter von der Temperatur. Obwohl sich erstere einstimmig mit der Temperatur ändern (— und damit auch die erste Konstante der empirischen Modelle! —), gibt es bei den Wilson-Parametern weder eine lineare noch eine nichtlineare Korrelation.

b) Korrelationen gemäß auf zwischenmolekularen Wechselwirkungen beruhenden Modellen zu Eigenschaften der reinen Komponenten.

Abb. 8 zeigt den Zusammenhang zwischen den Exzeßenthalpien $H^E(x = 0{,}5)$ von binären Mischungen von N-Methyl-Caprolactam mit Paraffinen (C_6—C_{10}) und mit Aromaten (C_6—C_{10}) mit der Polarisierbarkeit der Kohlenwasserstoffe.

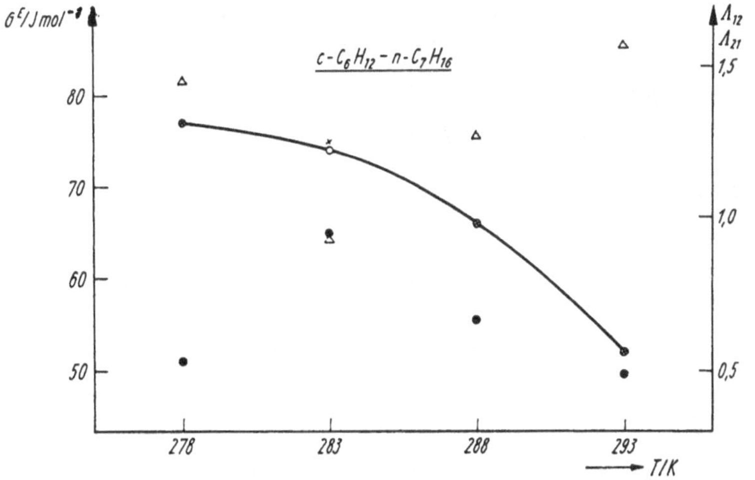

Abb. 7. Abhängigkeit der freien Exzeßenthalpie G^E und der Parameter der WILSON-Gleichung als Funktion der Temperatur im System Cyclohexan-n-Heptan [24].
×: G^E nach REDLICH-KISTER; ○: G^E nach WILSON; △ Λ_{12} •Λ_{21}

Tabelle 11

NMC—	$\alpha \cdot 10^{24}$ / $cm^3\ mol^{-1}$	WILSON-Konst Λ_{21} cal/mol	Λ_{12}	NRTL-Konst/cal mol^{-1} $\alpha = 0,4$ G_{21}	G_{12}
cC_6	10,99	800	788	812	897
nC_6	11,86	807	778	837	869
nC_7	13,70	804,5	779	862	844
nC_8	15,54	815	783	884	838
nC_9	17,84	804	768	887	810
nC_{10}	19,21	806	765,5	903	799
C_6H_6	10,39	1518	−431	1180	605
C_6H_5Me	12,33	−189	− 94	−152	−132
$oC_6H_4Me_2$	14,20	1239	−267	−371	932
$mC_6H_4Me_2$	14,26	506	−189	−227	512
$pC_6H_4Me_2$	14,28	520	−202	−239	521
$1,3,5C_6H_3Me_3$	16,18	295	119	128	271

Tab. 11 zeigt mit relativ kleinen Fehlerquadratsummen berechnete Konstanten der WILSON- und der NRTL-Gleichung ($\alpha = 0,4$). Aus der Tabelle folgt:

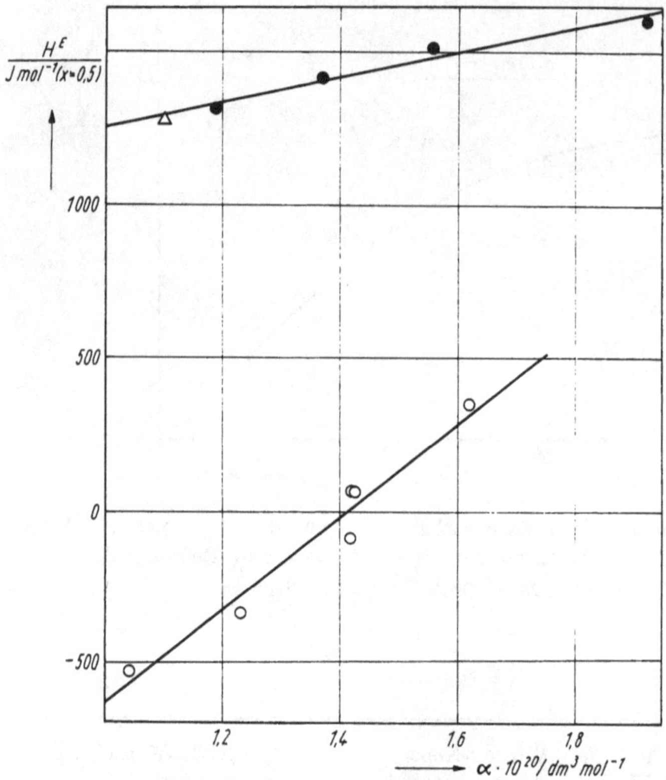

Abb. 8. Mischungsenthalpie H^E beim Molenbruch $x = 0,5$ als Funktion der Polarisierbarkeit der Kohlenwasserstoffkomponente in den Systemen NMC-Kohlenwasserstoff bei 25°C ○ Aromaten ● Aliphaten △ cC_6H_{12}

Die Korrelation mit den Konstanten der NRTL-Gleichung ($x = 0,4$) der Systeme mit Paraffinen ist gut.

Die Korrelation mit den Konstanten der Wilson-Gleichung der Systeme mit Paraffinen ist mäßig.

Die Korrelation bei den Systemen mit Aromaten ist schlecht.

c) Korrelationen gemäß dem Prinzip der linearen freien Enthalpiebeziehungen;

d) empirische Korrelation.

Die Anwendbarkeit und die Mängel sind aus den schon erwähnten Gründen im allgemeinen gleich. Während sich für die experimentelle Funktion Korrelationen finden lassen (Abb. 9 und 10 sind Beispiele dafür), sind die Parameter der halbempirischen Modelle nur selten korrelierbar.

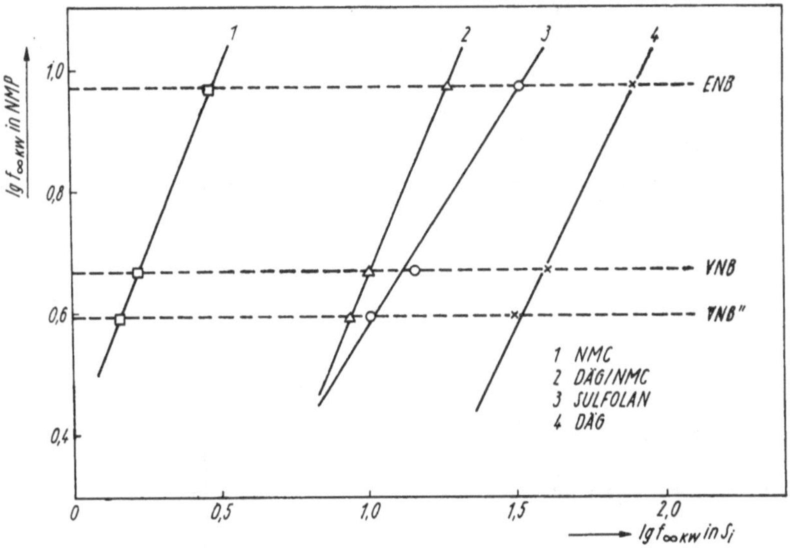

Abb. 9. Abhängigkeit der Grenzaktivitätskoeffizienten bicyclischer Kohlenwasserstoffe in verschiedenen Selektivlösungsmitteln vom Grenzaktivitätskoeffizienten in *N*-Methylpyrrolidon (NMP) als Bezugslösungsmittel

DÄG	Diäthylenglykol
ENB	Äthylnorbornan
VNB	Vinylnorbornan
VNB″	Vinylnorbornen

9. *Probleme der Phasenstabilität*

Stabilität oder Instabilität in bezug auf das Entstehen einer zweiten homogenen Phase im flüssigen Aggregatzustand[10] spielen bei der physikalisch-chemischen Modellierung eine sehr wichtige, bisher aber noch nicht gründlich bearbeitete Rolle. Drei Gründe sind dafür entscheidend

a) Phasengleichgewichte mit Zerfall in zwei flüssige Phasen haben technisch große Bedeutung (Extraktion).

b) Die Modellgleichungen müssen die thermodynamischen Stabilitätsbedingungen erfüllen.

---

[10] Hier ist zu beachten, daß sich Phasengleichgewichte, deren Phasen in verschiedenen Aggregatzuständen vorliegen, relativ einfach durch zwei $G(x)$-Kurven beschreiben lassen, deren Schnittpunkt keine Rolle spielt [3], während solche, die aus einem Aggregatzustand hervorgehen (durch Punktmischung), eine geschlossene Funktion in Form von Abb. 13 ergeben, deren fünf mathematisch ausgezeichneten Punkte durch eine Modellgleichung wiedergegeben werden müssen.

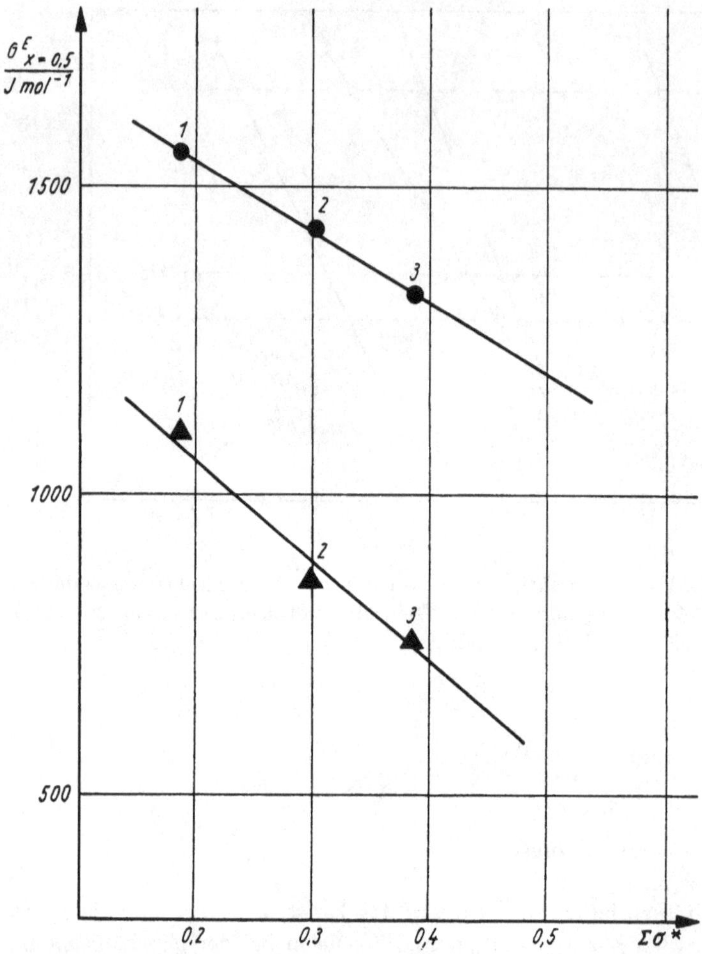

Abb. 10. Freie Exzeßenthalpie G^E beim Molenbruch $x = 0{,}5$ als Funktion der TAFT-Konstanten von N-Alkylcarbonsäureamiden

1 N-Methylformamid ▲ C_6H_6
2 N-Äthylformamid • cC_6H_{12}
3 N-Isopropylformamid

c) Die Stabilitätsbedingungen können für die Fixierung der Parameter ausgenutzt werden.

Die Stabilitätsbedingungen sind ein schärferes Kriterium als z. B. die Konsistenz. Integrale Funktionen bedürfen nicht der Konsistenz, für die partiellen Funktionen ergibt sich thermodynamische Konsistenz aus der Ableitung von einer integralen Funktion her.

Die thermodynamischen Bedingungen für die Stabilität in bezug auf den Zerfall in unendlich benachbarte Zustände einer neuen homogenen Phase ohne Änderung der äußeren Gleichgewichtsbedingungen lauten für binäre Systeme:

$$\left(\frac{\partial^2 \overline{G}^M}{\partial x^2}\right)_{T,p} \geq 0 \qquad \left(\frac{\partial^2 \overline{F}^M}{\partial x^2}\right)_{T,v} \geq 0 \tag{39}$$

und für ternäre Systeme

$$\left(\frac{\partial^2 \overline{G}^M}{\partial x_2}\right)_{T,p} > 0; \left(\frac{\partial^2 \overline{G}^M}{\partial x_2^2}\right)_{T,p} > 0 \tag{40}$$

$$\frac{\partial^2 \overline{G}^M}{\partial x_1^2} \cdot \frac{\partial^2 \overline{G}^M}{\partial x_2^2} - \frac{\partial^2 \overline{G}^M}{\partial x_1 \partial x_2} > 0$$

und für polynäre Systeme allgemein

$$\Delta^2 G(x_1, x_2 \cdots x_{n-1})_{T,p} > 0 \tag{41}$$

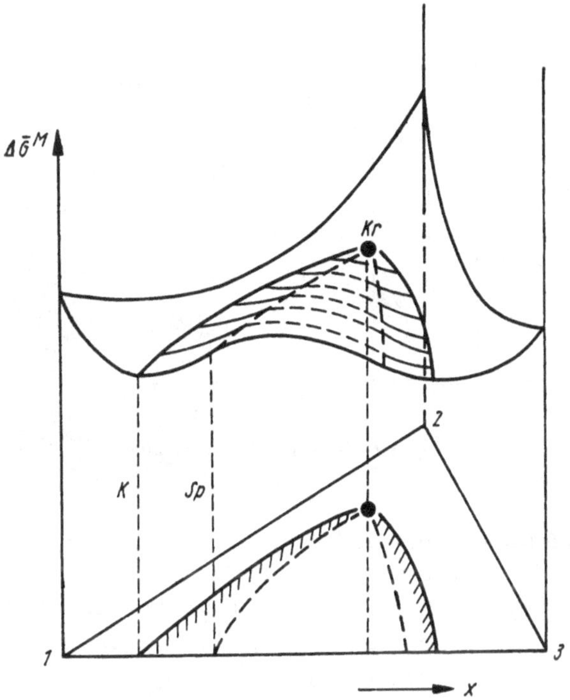

Abb. 11. Konzentrationsabhängigkeit der freien Mischungsenthalpie $\Delta\overline{G}^M$ bei Auftreten von Mischungslücken in einem binären und ternären System.

Kr kritischer Punkt

K Konnodalkurve

Sp Spinodalkurve

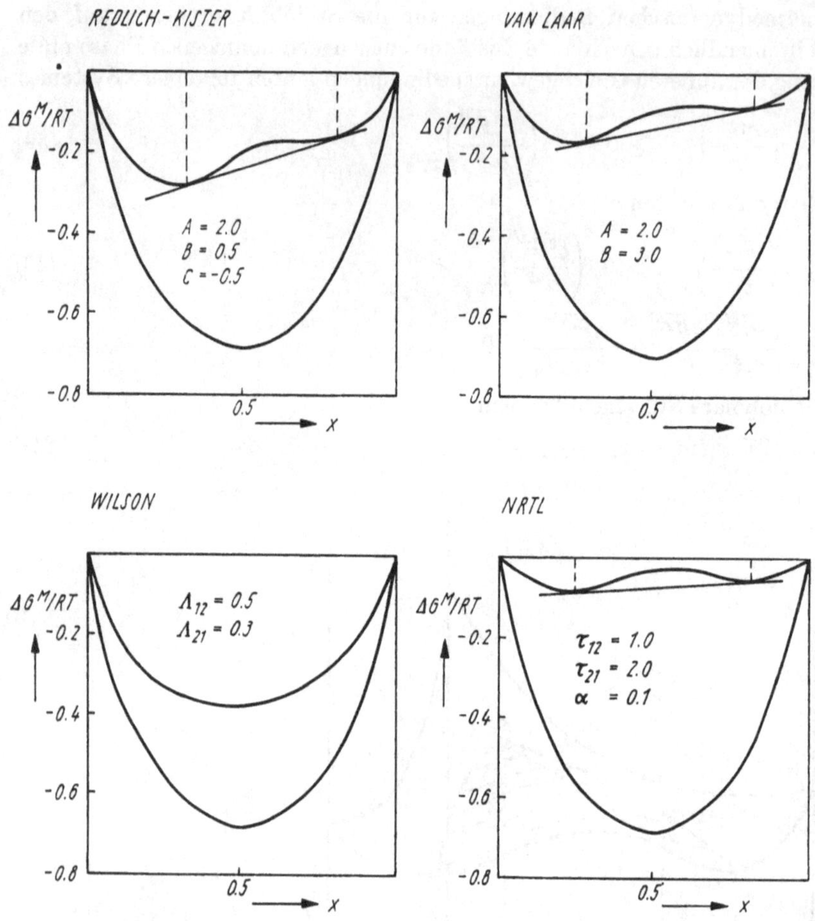

Abb. 12. Darstellung der Fähigkeit verschiedener Modellgleichungen, Mischungslücken zu beschreiben.

Die Bedingungen für das Auftreten von Mischungslücken sind in Abbildung 11 für ein binäres (1—3) und für ein ternäres System (1—3—2) dargestellt. In Abb. 12 werden vier Modelle in bezug auf die Wiedergabe dieses Verhaltens verglichen. Die WILSON-Gleichung kann wegen der Form der Kurve $\Delta \overline{G}^M(x)$ eine Mischungslücke nicht beschreiben, obwohl sie mit $\Lambda_{12} = \Lambda_{21} = 0$ $\Delta \overline{G}^M(x)$ für eine vollständige Entmischung wiedergibt. Bei den anderen (wie meist) Modellen sind die $\Delta \overline{G}^M(x)$-Kurven im Entmischungsgebiet relativ flach, so daß die Wiedergabe der Konnodenendpunkte ungenau wird.

9.2. Zusätzlich müssen die Arbeiten von KORTEWEG [15] [31], VAN DER WAALS [27] u.a. über die Faltentheorie und das Auftreten von weiterer Krümmung der freien Enthalpieflächen beachtet werden. Abb. 13 zeigt zwei verschieden gekrümmte G, T, x-Projektionen binärer Systeme, die einmal zu einer Berührung der Doppeltangentialebene (eine Konnode) und zum anderen zum Schneiden führen (zwei Konnoden). Analog muß bei polynären Systemen die isotherme Projektion beachtet werden. Abb. 14 stellt schematisch ein ternäres System mit einer binären Mischungslücke dar, die auf die Seitenfläche projiziert ist. Je nach der Faltung entstehen die im Bild dargestellten ebenen Abbildungen der Mischungslücke. Sie können zusätzlich durch die Größe der chemischen Potentiale der reinen Komponenten beeinflußt werden. Dadurch sind die Lagen von Konnoden gegenüber dem Modell wesentlich empfindlicher als das bei der allgemeinen üblichen Projizierung auf eine Grundfläche erscheint. Abb. 15 zeigt eine Projizierung im System n-Hexan-N-Methylcaprolactam-Glykol mit deutlich unterschiedlichem Verlauf der Konnodalraumkurve. Im System Benzol-N-Methylcaprolactam-Glykol tritt ein anderes Verhalten auf,

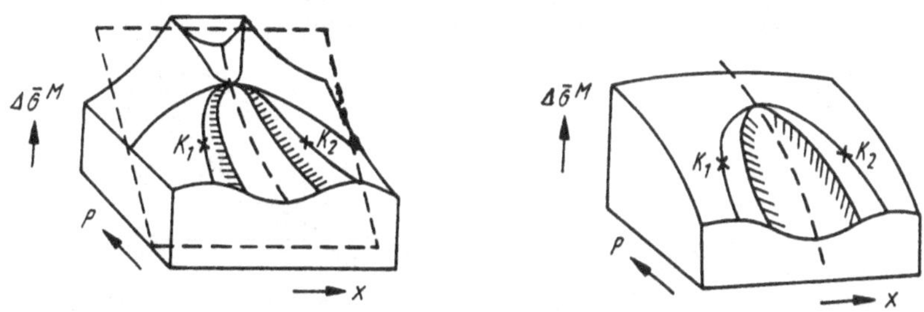

Abb. 13. Einfluß unterschiedlicher Krümmungen der freien Enthalpieflächen auf das Auftreten von Phasenzerfall K_1, K_2 Konnodenendpunkte

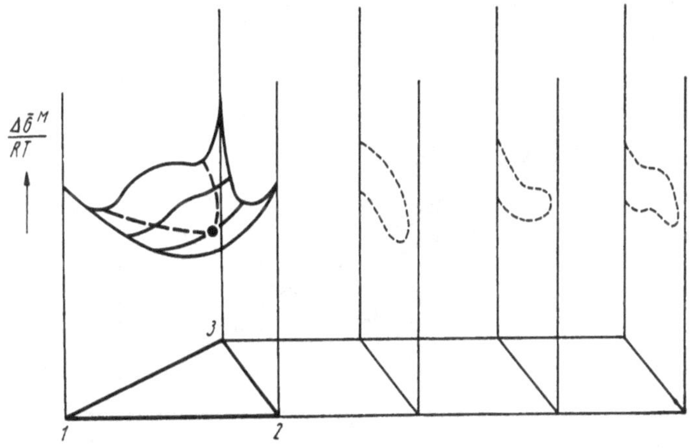

Abb. 14. Einfluß der Krümmung der freien Enthalpieflächen auf das Verhalten ternärer Mischungslücken (Projizierung auf die rechte Begrenzungsfläche 3—2)

wie an den beiden eingezeichneten Konnoden in Abb. 16 zu erkennen ist. Schon kleine Differenzen führen zu einer völlig anderen Lage der Konnoden, so daß hier eine hohe Genauigkeit beim Experiment und ein Modell notwendig sind, das auch ein solches Phasenverhalten wiedergeben kann.

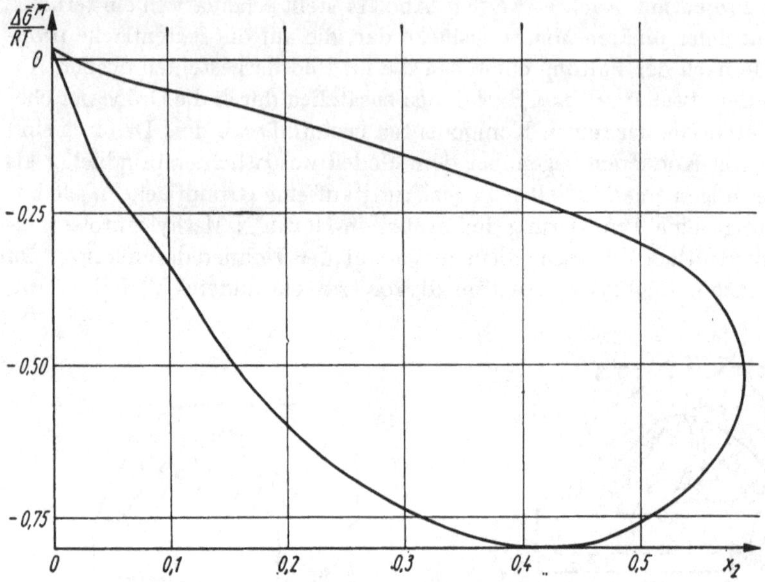

Abb. 15. Projizierung der Freie-Enthalpie-Fläche im System n-Hexan-NMC-Glykol

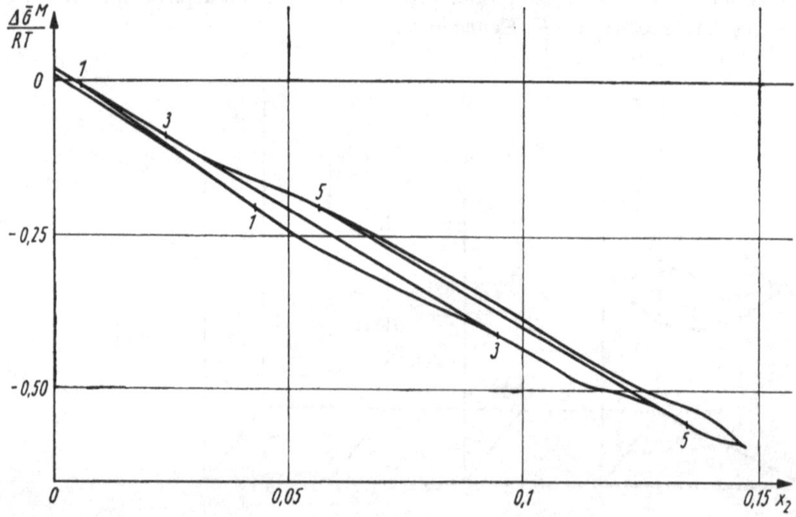

Abb. 16. Projizierung der Freie-Enthalpie-Fläche im System Benzol-NMC-Glykol
1——————1 usw. Konnoden

Ähnliche Probleme treten bei Dreiphasengleichgewichten Dampf-Flüssigkeit-Flüssigkeit schon in binären Systemen auf.

Als drittes Kriterium bei der Beschreibung von entmischenden polynären Systemen kann die Lage des kritischen Mischungspunktes gelten, der innerhalb (geschlossene Mischungslücke) oder außerhalb des Darstellungsraumes (offene Mischungslücke) liegen kann.

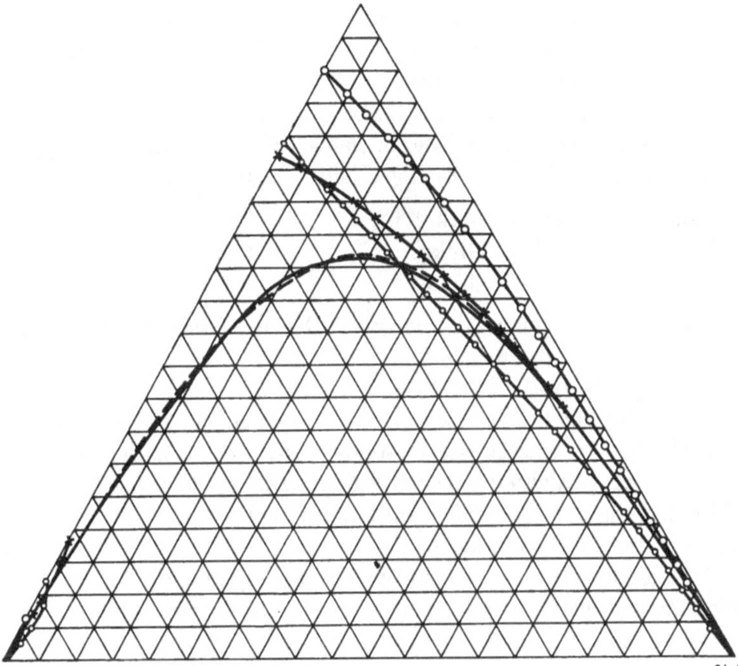

Abb. 17. Einfluß verschiedener Modellgleichungen auf die Wiedergabe der Form der Binodalkurve

—○—○—○—○—○— enthalpie, WILSON-Gleichung
—×—×—×—×—×— ORYE-Gleichung
—·—·—·—·—·— HEIL-Gleichung
— — — — — — NRTL-Gleichung

Abb. 17 zeigt die Fähigkeit einiger Modelle, die vom NRTL-Typ abgeleitet wurden, in bezug auf die Wiedergabe geschlossener Mischungslücken. Nur das NRTL-Modell (sicher auch die UNIQUAC-Gleichung) gibt den Verlauf einigermaßen genau wieder. Das spielt eine Rolle bei Systemen mit N-Methylcaprolactam, das zwar mit Paraffinen nicht entmischt, aber freie Exzeßenthalpien bedingt, die relativ nahe an die Phaseninstabilität heranführen (NMC-n-Hexan;

$T = 353$ K; $x = 0{,}5$; $G^E = 1240$ J mol^{-1}). Möglicherweise hängt dieses dritte Kriterium mit dem zweiten Kriterium zusammen.

Schließlich gibt es bei polynären Systemen mit Flüssig-flüssig-Gleichgewichten Schwierigkeiten bei der Festlegung der Startwerte. Als Beispiel soll das quaternäre System betrachtet werden, das das Basissystem des Arex-Verfahrens ist: Paraffin-Aromat-N-Methylcaprolactam-Äthylenglykol. Die dem zugrundeliegenden binären Systeme sind teils durch Dampf-Flüssigkeitsgleichgewichte (Paraffin-Aromat, Paraffin-NMC, Aromat-NMC, NMC-Glykol), teils durch Flüssig-flüssig-Gleichgewichte (Paraffin-Glykol, Aromat-Glykol) zu beschreiben[11]. Für eine Berechnung der Konnoden im quaternären System gibt es deshalb drei verschiedene Startpunkte:

a) Man berechnet die quaternären Konnoden aus den ternären Konnoden. Das wurde am oben genannten System gemacht, indem das binäre System Paraffin-Aromat als ideal ($G^E = 0$) angesehen und die Konnoden der Systeme

Paraffin-Aromat — Glykol
Paraffin-NMC — Glykol
Aromat-NMC — Glykol

zur Parametergewinnung benutzt wurden. Die Nachbildung war schlecht, Konvergenz meist nicht zu erreichen.

b) Man benutzt als zusätzliche Bedingungen binäre Flüssig-flüssig-Gleichgewichte. Abb. 18a zeigt Ergebnisse des Verfahrens wie unter a), aber mit fester Vorgabe der Parameter des Systems Benzol-Glykol, die aus binären Flüssig-flüssig Gleichgewichten erhalten wurden. Die Werte konvergieren zwar, aber die Wiedergabe der Konnoden wird umso schlechter, je weiter entfernt sie vom System Benzol-Glykol liegen.

c) Man benutzt Startwerte für die binären Randsysteme, die aus Dampf-Flüssigkeits-Gleichgewichten gewonnen werden, d.h. im vorliegenden Fall der Systeme

Paraffin — NMC
Aromat — NMC
Glykol — NMC

Das System Paraffin-Aromat wird wieder als ideal angenommen. Abb. 18b zeigt, daß auf diese Weise eine weitere Verbesserung zu erreichen ist.

Es darf aber nicht übersehen werden, daß der Meßaufwand für die Parametergewinnung von a) nach c) steigt. Die binären Systeme der Selektivlösungsmittel haben nur geringe Dampfdrücke, so daß hier nur sehr genaue Messungen vernünftige Parameter ergeben. Trotzdem bleibt der Gesamtaufwand geringer, als wenn die Flüssig-flüssig-Gleichgewichte in den quaternären Systemen oder

[11] Darin liegt die Besonderheit des Arex-Verfahrens. Ersetzt man z.B. N-Methylcaprolactam durch N-Methylpyrrolidon oder durch Dimethylformamid, erhält man drei Flüssig-flüssig Gleichgewichte und entsprechend drei Dampf-Flüssigkeits-Gleichgewichte.

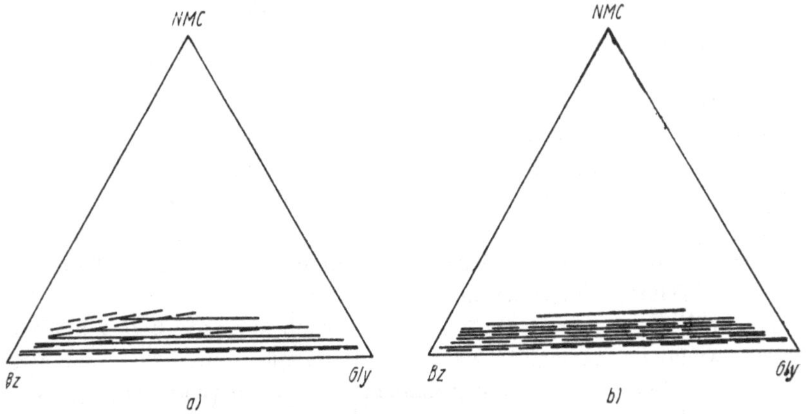

Abb. 18 Vergleich von experimentellen (—) und berechneten (– – – – – – –) Konnoden im System Benzol-NMC-Glykol
a) Daten des Flüssig-flüssig-Gleichgewichtes Benzol-Glykol als Startwerte
b) Verwendung von Dampf-Flüssigkeits-Gleichgewichtsdaten der Systeme Benzol-NMC und Glykol-NMC als zusätzliche Bedingungen

in solchen mit größerer Komponentenzahlen bestimmt werden müssen. Ein Rechenprogramm bis zu 20 Komponenten ist dafür entwickelt worden. Gegenwärtig untersuchen wir außerdem die Ausnutzung von Einparametermodellen für die Gewinnung von Startwerten.

10. Einparametermodelle

Einparametermodelle werden nicht nur mit dem Ziel, zu besseren Startwerten zu kommen, eingeführt, sondern auch, um durch Beseitigung der Mehrdeutigkeiten der Parameter bessere Korrelierbarkeit des einen Parameters zu erreichen. Zu diesem Zweck werden Parameter der reinen Komponenten anstelle der adjustierbaren Energieparameter eingeführt

$$\lambda_{ii} = -\Delta U_{0i}^{LV} = -(\Delta H_{0i}^{LV} - RT) \tag{42}$$

$$\lambda_{ij} = (1 - l_{ij}) \sqrt{\Delta U_{0i}^{LV} \cdot \Delta U_{0j}^{LV}} \tag{43}$$

wobei l_{ij} der adjustierbare Parameter ist. Das Verfahren entspricht also dem in [14] beschriebenen.

Für die Wilson- und NRTL-Gleichungen sind die Halaschen Schließungsbedingungen zwar erfüllt, aber durch die Festlegung der λ_{ii} bzw. g_{ii} werden die Ausdrücke

$$\frac{\Lambda_{ij}}{\Lambda_{ji}} \text{ bzw. } \tau_{ij} - \tau_{ji}$$

vorgegeben und dadurch die Symmetriemöglichkeiten des polynären Systems eingeschränkt, gleichzeitig aber auch die Menge der experimentellen Stützmessung herabgesetzt (s. Abschnitt 5.4.).

l_{12} müßte, wenn das Modell physikalisch relevant ist, den spezifischen zwischenmolekularen Wechselwirkungen entsprechen.

Die bisherigen Ergebnisse zeigen, daß die Nachbildung binärer Systeme wegen der geringeren Flexibilität meist, wenn auch nicht signifikant, schlechter ist. So können z.B. Einparametermodelle die freie Exzeßenthalpie $G^E(x)$ mit positiven und negativen Werten sowie auch in dem relativ seltenen Fall des Auftretens von Wendepunkten beschreiben.

In polynären Systemen sind die Ergebnisse gleich gut oder besser als bei Mehrparametermodellen. Das gilt auch für Systeme mit großen Unterschieden in den Dampfdrücken der reinen Komponenten. Abb. 19 zeigt beim quaternären System n-Hexan-Benzol-Cyclohexen-Dekan an Hand der Wiedergabe der Gesamtdampfdrücke und der Dampfphasenkonzentration die Brauchbarkeit des Ein-Parametermodells von Funk und Prausnitz [8], das auf dem in Tabelle 3 demonstrierten Weg aus dem Modell der regulären Lösung gewonnen wurde. Dieses Modell eignete sich auch für die Wiedergabe der relativen Flüchtigkeiten Isopren-Cyclopentadien in 6—8 Stoffsystemen, die mit verschiedenen Methoden gewonnen wurden (Kolonnenmessung und Einbodenapparatur; Fehlergrenze etwa $\pm 5\%$). Allerdings erweist sich das polynäre Wilson-Modell als besser, während die dem Chao-Seader Modell zugrundeliegende Theorie der regulären Lösung Mischungen, die einen größeren Anteil schwererflüchtige Substanzen enthalten (größerer Löslichkeitsparameter), schlechter beschreibt (Abb. 20).

11. Schlußfolgerungen

1. Zur Berechenbarkeit polynärer Phasengleichgewichte

1.1. Polynäre Phasengleichgewichte sind heute noch nicht exakt berechenbar. Deshalb ist die Anwendung von physikalisch-chemischen Modellen mit adjustierbaren Parametern notwendig.

1.2. Die Parameter sollen nach Möglichkeit physikalisch interpretierbar und in sinnvoller Form korrelierbar sein. Eine möglichst große Zahl der Parameter sollte auch aus Daten reiner Komponenten berechnet werden können.

1.3. Molekulare Theorien müssen Konzeptionen für die Struktur besserer Modelle liefern.

2. Zum Verhältnis physikalische-mathematische Modellierung

2.1. Wegen der Korrelierbarkeit, Interpretierbarkeit und der möglichst umfassenden Einbeziehung stoffindividueller Größen ist die physikalische Modellierung zu bevorzugen.

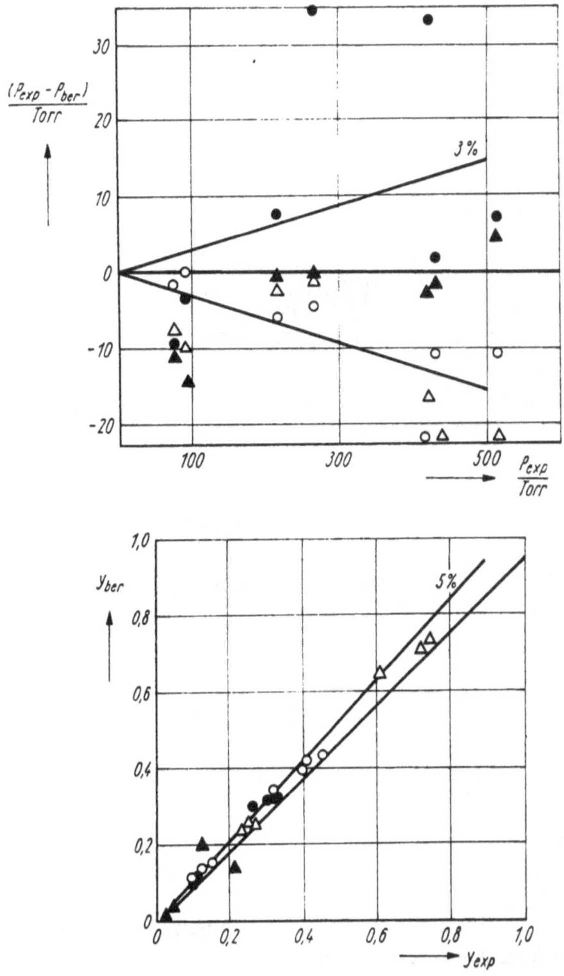

Abb. 19. Verwendung von Einparametermodellen zur Berechnung von Dampf-Flüssigkeits-Gleichgewichten im System n-Hexan(I)-Benzol(2)-Cyclohexan(3)-n-Decan(4) bei 338, 15 *K*

a) $\triangle p = Fu(p)$

○ Einparameter — NRTL-Gleichung

● Zweiparameter — NRTL-Gleichung

△ Einparameter-WILSON-Gleichung

▲ Zweiparameter-WILSON-Gleichung

b) $y_{\text{ber}} = Fu\ (y_{\text{exp.}})$

○ y_1 ● y_2 △ y_3 ▲ y_4

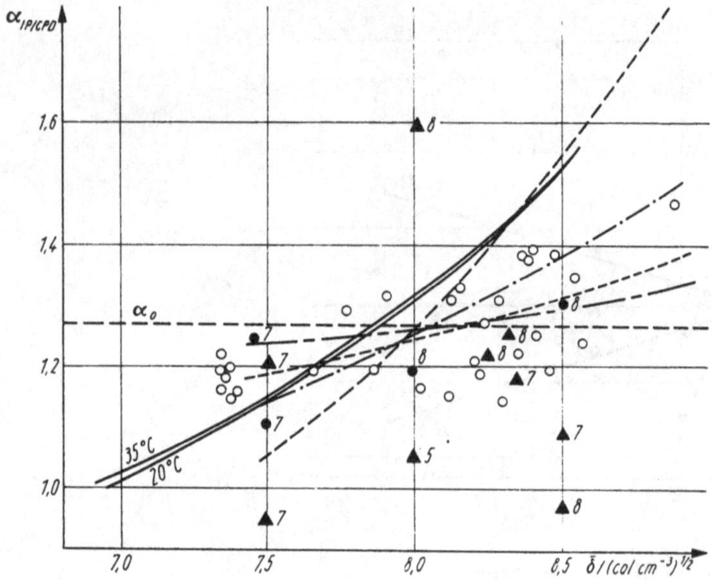

Abb. 20. Relative Flüchtigkeit Isopren/Cyclopentadien als Funktion des mittleren Löslichkeitsparameters in polynären Kohlenwasserstoffgemischen.

5 = in Fünfstoffsystemen
7 = in Siebenstoffsystemen
8 = in Achtstoffsystemen

- - - - - - - - -	ausgeglichene Meßwerte
— - — - —	WILSON-Gleichung
— · — · —	FUNK-PRAUSNITZ-Gleichung
— — — —	Modell der regulären Lösung
————————	SCATCHARD-HILDEBRAND-Gleichung

2.2. Für binäre Systeme sollen möglichst exakt auf molekularen Theorien aufgebaute Modelle benutzt werden.

2.3. Bei polynären Systemen müssen die makroskopischen Abhängigkeiten der freien Energie, bzw. freien Enthalpie, Stabilitätskriterien usw. für die Modellbildung ausgenutzt werden.

2.4. Für Beschreibung und Darstellung – nicht für die Vorausberechnung – von polynären Phasengleichgewichten sollten Methoden der mathematischen Modellierung weiter ausgebaut werden.

2.5. Bei polynären Systemen, bei denen die Individualität der Komponenten durch Gruppen usw. aufgehoben ist (flüssige Polymere, Lösungen von Hochpolymeren, Erdöl usw.), ist möglicherweise eine Kombination mathematischer (Verteilungsfunktionen) und thermodynamischer Verfahren nützlich.

3. Zum Verhältnis Theorie — Experiment
Fortschritte in der Modellierung können nur in ständiger kritischer Prüfung von Modellen erreicht werden. Dazu sind genauere Daten aus Experimenten notwendig. Das wiederum erfordert eine Verbesserung der Genauigkeit, Reproduzierbarkeit usw. bei der quantitativen Analytik komplexer Stoffgemische. Außerdem müssen Modelle an einer größeren Anzahl von Systemen überprüft werden können.

4. Forderungen an andere Wissenschaftsdisziplinen

4.1. Die Physik kann durch neue Entwicklungen über die Theorie flüssiger Mischungen, besseres Verständnis der zwischenmolekularen Wechselwirkungen, Erkenntnisse über Dreikörperwechselwirkungen u.a. der Modellierung zu besseren Voraussetzungen verhelfen.

4.2. Mathematisch sind neue nichtlineare Regressionsverfahren, bessere Methoden zur Lösung nichtlinearer Gleichungen und ein besserer Zugriff zu den Methoden der Mathematischen Statistik erforderlich. Dazu gehören Probleme wie die Beseitigung von Mehrdeutigkeiten in nichtlinearen Gleichungssystemen, die Erarbeitung weiterer Iterationsverfahren, Kriterien zur Erkennung der richtigen Minima, Erhöhung der Zuverlässigkeit bei nichtlinearen Schätzverfahren, Kriterien zur Modelldiskrimination, Optimierung der Parameterzahl als Funktion von Menge und Güte der Stoffdaten, Möglichkeiten zum Vergleich verschiedener objektiver Funktionen u.a.

4.3. Gleichzeitig zeigen aber — wie in Punkt 2 der Schlußfolgerungen dargelegt — die bisherigen Erfahrungen, daß nur eine gemeinsame Berücksichtigung von mathematischer und physikalischer Modellierung zu neuen, besseren Lösungen führen kann.

5. Zum Verhältnis Grundlagenforschung — Anwendung
Die Modellierung polynärer Phasengleichgewichte ist besonders für die petrolchemische Industrie wichtig, die kinetische Modellierung wird ihre Bedeutung ebenfalls ständig vergrößern. Deshalb ist neben der Befriedigung aktueller Probleme der Industrie eine solide und abgewogene Grundlagenforschung notwendig. Sie müßte innerhalb des RGW koordiniert werden.

6. Allgemeine Aspekte
Im Vortrag wurden Probleme philosophischer, erkenntnistheoretischer und wissenschaftstheoretischer Natur nicht behandelt. „Modellierung“ enthält aber diese Aspekte. Besonders scheint es notwendig, immer die Realität im Auge zu behalten und sich nicht in Operationen mit Funktionen zu verlieren.
Die Mathematisierung der Wissenschaft spielt bei Diskussionen in der UdSSR eine große Rolle. Die Chemie wird auf die Dauer davon nicht aus-

gespart bleiben. Es scheint mir deshalb zweckmäßig, wenn sich die Klasse Chemie künftig auch mit weiteren Aspekten der Mathematisierung unseres Zweiges beschäftigen würde.

Neben den im Literaturverzeichnis genannten Mitarbeitern haben besonders Dr. D. Lempe und DC G. Feix zur vorliegenden Arbeit beigetragen. Ich danke den Kollegen der Sektoren Petrolchemie und Stoffdaten in der Forschungsdirektion der Leunawerke „Walter Ulbricht" für die Unterstützung unserer Arbeiten und eine langjährige, fruchtbare Zusammenarbeit.

Literatur

[1] ABRAMS, D. S., und J. M. PRAUSNITZ: AICHE Journ. 21 (1975) 116.

[2] BAIRD, V., und LAPIDUS, L.: Catalysis Rev. 2 (1968) 67.

[3] BITTRICH, H. J., und D. LEMPE: Vapour-liquid Equilibria in Multicomponent Mixtures, Jablonna 1975, 1.

[4] BITTRICH, H. J.: Wiss. Z. TH Chemie „Carl Schorlemmer" Leuna-Merseburg, 9 (1967) 249.

[5] DONHUE, M. D., und J. M. PRAUSNITZ: Canad. J. Chem. 53 (1975) 1586.

[6] FÄNGER, H., Diss. TH Chemie „Carl Schorlemmer" Leuna-Merseburg 1973.

[7] FLORY, P. J.: Chem. Phys. **10** (1942) 51.
HUGGINS, M. L.: Ann. N. Y. Acad. Sci. **43** (1942) 1.

[8] FUNK, E. W., und J. M. PRAUSNITZ: Ind. Engng. Chem. **62** (1970) 1412.

[9a] GUGGENHEIM, E. A.: Mol. Physics **9** (1965) 199.

[9b] GUGGENHEIM, E. A.: Mixtures, Clarendon Press 1952.

[10] GÜNZEL, K.: Diss. TH „Carl Schorlemmer" Leuna-Merseburg 1974.

[11] HALA, E.: Coll. Czech. Chem. Comm. **38** (1973) 1286.

[12] HERZFELD, K. F., und W. HEITLER: Ann. Physik., **80** (1926) 4, 630.

[13] KAFAROW, W. W.: Kybernetische Methoden in der Chemie und chemischen Technologie, Akademie-Verlag Berlin 1971.

[14] KELBG, G., und H. J. BITTRICH: Sitzungsbericht Akademie der Wiss. der DDR, 10 N 1975.

[15] KORTEWEG, P.: Arch. Neerland, XXIV, (1891) 57.

[16] KUDRJASEV, A. F.: Sowj.-Wiss., gesellsch.-wiss. Beiträge, **29** (1976) 403.

[17] LICHTENTHALER, R. N., D. S. ABRAMS, und J. M. PRAUSNITZ: Canad. J. Chem. **51** (1973) 3071.
LICHTENTHALER, R. N., D. D. LIU, und J. M. PRAUSNITZ: Ber. Bunsengesellschaft, Phys. Chem. **78** (1974) 470.

[18] Mc GLASHAN, M. L.: Ann Rep **60** (1963) 73.

[19] PRAUSNITZ, J. M.: Molecular Thermodynamics of Fluid Phase, Equilibrium, Prentice Hall, Englewood Cliffs, New Jersey, 1970.

[20] PORTER, A. W.: Trans Farad, Soc **16** (1920) 336,

[21] RENON, H., und J. M. PRAUSNITZ: AICHE Journ. **14** (1968) 135, **15** (1969) 785.

[22] ROMANKOW, P. G.: Wiss Zeitschr TH Chemie „Carl Schorlemmer" Leuna-Merseburg **16** (1974) 215.

[23] SCHILLE, W., und H. J. BITTRICH: Chem. Techn. **25** (1973) 292.

[24] SCHILLE, W.: Diss. Th. Chemie „Carl Schorlemmer" Leuna-Merseburg 1972.

[25] SEYFFERT, U., und K. QUITZSCH: CHISA 75, Sect Vapour-Liquid-Equilibra.
[26] TAUBERT, K., E. GREINER, und E. DONTH: Coll. Czech. Chem. Comm. **41** (1976) 1459.
[27] VAN DER WAALS, J. D., und F. KOHNSTAMM: Lehrbuch der Thermodynamik, Bd. II, Leipzig 1927.
[28] VAN NESS, H. C.: Classical Thermodynamics of Non-Elektrolyte Solutions, Pergamon Press, Oxford, London, New York, Paris 1964.
[29] WEIMER, R. F., und J. M. PRAUSNITZ: Hydrocarbon Process. **44** (1965) 237.
[30] WILSON, G. M.: J. Am. Chem. Soc. **86** (1964) 127.
[31] ZIKLIS, D. S.: Phasentrennung in Gasgemischen, VEB Deutscher Verlag für Grundstoffindustrie, Leipzig 1972.

FSC
www.fsc.org
MIX
Papier | Fördert gute Waldnutzung
FSC® C083411

Zeitfracht Medien GmbH
Ferdinand-Jühlke-Straße 7
99095 Erfurt, Deutschland
produktsicherheit@kolibri360.de